水産技術者の
業務と技術者倫理

公益社団法人 日本水産学会 水産教育推進委員会
公益社団法人 日本技術士会 水産部会 共編

恒星社厚生閣

は　じ　め　に

　大学で水産学や海洋学など水圏の応用科学を勉強している学生の皆さんは，自分の将来に対していろいろなビジョンをもっていると思います．水産の現場で仕事に従事する，産業界で活躍する，水族館で働く，研究者や科学者を目指す，学校の教師になる，あるいは漠然と技術職になりたいなど，さまざまな選択肢があるでしょう．皆さんは大学で，授業や実験，実習を通じ，海や水域の現象や生き物を対象として，幅広い知識や考察力，問題解決能力やデザイン能力，コミュニケーションやプレゼンテーションの能力を修養しています．しかし，それが社会に出てから何の役に立つのか，何のために勉強するのか，という疑問を感じることも多いと思います．それを理解するには，実際に海や水産業を取り巻く社会で働いている人々がどんな仕事をしているかを知ることが役に立ちます．皆さんが興味をもつ内容であれば，日々の勉強のモチベーションアップに繋がるでしょう．例えば学外実習（インターンシップなど）がよい例ですが，在学中に一人で体験できることには限界があります．また，将来この分野で社会人として仕事をする場合，どのような価値観や倫理感をもって行動すべきかについて学生時代にじっくり考えておくことも大切なことです．

　本書では，まず水産分野の技術者倫理教育の草分けであられる渡辺悦生先生に，グローバル化の進む世界の中で，水産業に関連した食や環境の様々な社会問題を事例として，技術者倫理のあり方について解説を頂きました．そして，実社会で様々な問題の解決にあたっている日本技術士会水産部会の技術士の方々に執筆をお願いし，社会や地域の振興に関わる活動の一端を紹介していただきました．一読するとよくわかると思いますが，これらの技術士の業務内容は，大学や大学院で学ぶことの延長線上にあります．技術士の資格をもっていなくても，このような業務に従事する人は大勢いますが，水産の世界の多岐にわたる分野で業務にあたる水産部門の技術士の仕事は，とりもなおさず水産系の大学教育の出口の典型と言えるのです．様々な制約のある社会情勢の中で課題を探求し，問題の解決にあたっている技術士の方々の活動には，研究の計画立案（デザイン）や，技術者あるいは社会人として直面する様々な倫理的な事柄が生きた教材の

形で含まれています．

　本書は，2010年3月に日本水産学会・水産教育推進委員会が日本技術士会水産部会と連携して企画・開催したシンポジウム「水産技術者の業務と技術者倫理」で，前述の渡辺先生と水産部門の技術士の方々に講演していただいた内容をもとに成書としたものです．大学で水産学を学ぶ学生や，技術者としての自立を図ろうとする水産系大学の卒業生の皆さんにとって，本書が身近な一冊となることを願っています．

　本書の出版にあたり，多忙な業務のかたわら原稿をご準備頂いた8名の執筆者の方々と，本書の企画から刊行に至るまで忍耐強く御対応いただいた恒星社厚生閣の小浴正博氏に心より感謝申し上げます．

　　　平成23年3月8日

　　　　　　　　　　　　　　　日本水産学会　水産教育推進委員会
　　　　　　　　　　　　　　　　萩原篤志（長崎大学）
　　　　　　　　　　　　　　　　久下善生（日本技術士会水産部会）
　　　　　　　　　　　　　　　　佐藤秀一（東京海洋大学）
　　　　　　　　　　　　　　　　良永知義（東京大学）
　　　　　　　　　　　　　　　　石川智士（東海大学）
　　　　　　　　　　　　　　　　黒倉　寿（東京大学）
　　　　　　　　　　　　　　　　渡部終五（東京大学）

編者・執筆者一覧（五十音順）
※は編者

網田健次郎　　1948年生，東北大学農学部水産学科卒．
（あみた けんじろう）　現 網田技術士事務所所長

井上祥一郎　　1943年生，信州大学農学部林学科卒．
（いのうえ しょういちろう）　現 (株)名邦テクノ (技術士登録事務所) 技術参与，
　　　　　　　(株)エステム技術顧問，(有)アーステクノ相談役

岩見　聡　　1957年生，東海大学大学院海洋学研究科海洋科学専攻（修
（いわみ さとし）　士課程）修了．
　　　　　　　現 (株)オリエンタルコンサルタンツ SC 事業本部技術主
　　　　　　　監（環境）

※久下善生　　1954年生，東京水産大学水産学部海洋環境工学科卒．
（くげ よしお）　現 (株)東光コンサルタンツ本社技術本部部長

桑原伸司　　1959年生，北海道大学工学部応用物理学科卒，水産科学
（くわばら しんじ）　博士（北海道大学）．
　　　　　　　現 北日本港湾コンサルタント(株)企画部次長

関　達哉　　1931年生，東京水産大学水産学部漁船運用学専攻科修了．
（せき たつや）　元 千葉県水産試験場のり養殖分場分場長

西川研次郎　　1933年生，東京大学農学部水産学科卒．
（にしかわ けんじろう）　現 西川技術士事務所所長

※萩原篤志　　1957年生　東京大学大学院農学系研究科（博士課程）修了．
（はぎわら あつし）　現 長崎大学大学院水産・環境科学総合研究科教授

渡辺悦生　　1940年生，東京水産大学大学院水産学研究科（修士課程）
（わたなべ えつお）　修了，工学博士（東京工業大学）．
　　　　　　　現 東京海洋大学名誉教授

水産技術者の業務と技術者倫理
目　次

　　はじめに …………………………………………………………………… 3

1章　水産業をめぐる技術者倫理 ……………………(渡辺悦生)…11
　§1. 倫理の基本 ……………………………………………………11
　§2. 水産業の特徴 …………………………………………………15
　　　2-1　水産物の安定的供給 ……………………………………15
　　　2-2　漁業環境保全 ……………………………………………18
　　　2-3　資源管理と持続的生産 …………………………………19
　　　2-4　漁村と文化 ………………………………………………21
　§3. 水産から発信できるもの……………………………………21

2章　森川海の水産支援・循環型複合技術システムの展望
　　　　……………………………………(井上祥一郎)……25
　§1. はじめに ………………………………………………………25
　§2. 技術見直しを必要とする根拠 ………………………………27
　　　2-1　赤潮の発生とケイ素（Si）との関係 …………………28
　　　2-2　ヘドロ化の原因としてのシルトと粘土の流入と水域の濁度 ………28
　　　2-3　青潮の原因としての硫化水素（H_2S）………………29
　　　2-4　磯焼けとシルト・粘土による濁度との関係 …………30
　§3. 解決法についての考え方 ……………………………………31
　§4. 陸域からの負荷とその対策 …………………………………31
　§5. おわりに ………………………………………………………33

3章　地域特産品化に向けた「魚沼美雪ます(ニジマス全雌異質三倍体)」の安全・安心 ………(網田健次郎)………37
　§1. 新商品開発の背景 ……………………………………………37

§2. 新商品の作出（生産者との情報交流）……………………38
　§3. 販売戦略の立ち上げ（消費者との情報交流）……………38
　§4. 「魚沼美雪ます」の地域特産品化（情報交流の必要性）……39
　§5. 技術者の安全管理・情報管理 ………………………………44

4章　水産物トレーサビリティシステム導入による漁村地域の活性化 ………………………………(桑原伸司)………47
　§1. トレーサビリティシステム導入の背景 ……………………47
　　1-1　水産物の安全性に関する事件・事故 …………………47
　　1-2　水産物偽装の背景 ………………………………………48
　　1-3　組織的犯罪はなぜ根絶されないのか …………………48
　　1-4　水産物偽装を防ぐために ………………………………49
　　1-5　水産部門技術士の安全で安心な水産物供給への取り組み……49
　§2. トレーサビリティシステム …………………………………50
　　2-1　開発の経緯 ………………………………………………50
　　2-2　青森県十三漁業協同組合の場合 ………………………50
　　2-3　北海道北るもい漁協天塩支所の場合 …………………53
　§3. 普及・PRのための活動 ……………………………………56
　　3-1　普及・PR活動の意義 …………………………………56
　　3-2　PR活動の実践 …………………………………………57
　§4. おわりに ………………………………………………………60

5章　技術者はHACCPを正しく理解しよう……(西川研次郎)………63
　§1. はじめに ………………………………………………………63
　§2. HACCPとは …………………………………………………63
　§3. HSACCPの経緯 ……………………………………………64
　　3-1　米国におけるHACCPの発祥とその後の進展 ………64
　　3-2　CodexのHACCP ………………………………………66
　　3-3　わが国の制度 ……………………………………………66

§4. HACCPに対する一般的な誤解 ……………………………67
　　4-1　「HACCPは高度な衛生管理手法なので複雑で，設備に金がかかる」という誤解 ……………………………67
　　4-2　「HACCP以前は，最終製品の抜取検査で食品の安全性を確認して出荷していた」という誤解 ……………68
　　4-3　「HACCPは認証を取るものである」と誤解している人が沢山いる ……………………………………69
§5. 総合衛生管理製造過程の承認制度に対する誤解 ……………70
　　5-1　「総合衛生管理製造過程の承認制度が日本のHACCPの制度である」という誤解 …………………………70
　　5-2　「総合衛生管理製造過程の総括表がHACCPプラン」という誤解 ………………………………………71
　　5-3　「モニタリングは連続でなければならない」という誤解 …71
　　5-4　腐敗微生物は危害要因であろうか ………………………71
§6. 雪印乳業(株)大阪工場の食中毒事件はHACCPでは防げなかったのか ………………………………………73
§7. HACCPと技術者倫理 ……………………………………74

6章　予測の可視化技術を用いた公衆とのコミュニケーション
　　　──漁業と環境の視点から──　………(岩見　聡・関　達哉)………77
§1. はじめに ……………………………………………………77
§2. 三番瀬問題の概要 …………………………………………78
　　2-1　問題の経緯 …………………………………………78
　　2-2　三番瀬における漁業の経過 ………………………79
　　2-3　三番瀬問題に対する漁業者の取り組み …………80
§3. 可視化の事例 ………………………………………………81
　　3-1　「望ましい水際線」の検討における可視化の事例 …………81
　　3-2　「里海再生に向けての漁業者からの提言」以降の検討での可視化の事例 ……………………………82
§4. おわりに ……………………………………………………86

7章　水産部門技術士の現状と課題 ……………(久下善生)………87
§1. 技術士とは ……………………………………………………87
1-1　技術士制度 ……………………………………………87
1-2　技術士の全体像 ………………………………………89
§2. 技術士の倫理 …………………………………………………90
2-1　「技術士等の義務」……………………………………90
2-2　「最低限実行」と「適切な配慮」と「立派な仕事」…91
2-3　プロフェッション ……………………………………92
2-4　技術士倫理綱領 ………………………………………94
§3. 水産部門技術士の現状と水産分野の倫理 …………………96
3-1　水産部門技術士の現勢 ………………………………96
3-2　水産庁長官通達 ………………………………………97
3-3　水産分野での技術者倫理の足取り …………………98
§4. 倫理を伴う水産部門技術士の育成増加を目指して ………100
4-1　業務独占と公益性 ……………………………………100
4-2　「やってよいことか悪いことか」の倫理から「貢献する」倫理へ ……………………………………………101
4-3　実学におけるデザイン能力と「貢献する」倫理の統一 …102
4-4　水産部門技術士の活用と育成の促進へ ……………103

水産業をめぐる技術者倫理

渡辺悦生（東京海洋大学名誉教授）

　日本は四方を海に囲まれ，古くよりその恩恵を無意識のまま享受してきた．しかしながら，昭和期の高度経済成長に伴って発生した環境汚染，環境破壊は食の安全をも脅かし，一方で乱獲による資源の枯渇を招いた．

　一方，国際交流の進行とともに文化・宗教も異なる多くの国々の人々とともに，同じ場所での生活が日常的になりつつある．

　世界に通用する価値観，自然観，世界観の構築が求められる所以である．

　ここでは，水産の現状を直視し，そこに存在する諸々の問題に技術者としてどのように対応すべきかを考える．

§1．倫理の基本

　うそをつかない，人を殺さない，盗まない，これが倫理の基本である．

　一方，近年，技術者資格の国際間の相互承認が進行し，国籍・民族・習慣などを異にする技術者が同じ規範の基で働く機会が多くなっている．また，表示偽装，産地偽装などに見られるモラルの低下に歯止めがかからない．このようなとき，専門的知識を持った我々は一般市民にどう対応できるか．

　一般市民は我々専門家に比べて，科学技術に関する知識に乏しく，受動的な立場にある．一方，我々専門家は，社会において科学技術を人間生活に利用する役割を担っていると同時に，科学技術から生じる危害を一早く探知し，抑止することが可能な立場にある．したがって，たとえば科学者は温暖化現象，

DNA 組み換え食品の安全性や原子力発電の安全性について国民の疑問に答え，説明していく責務がある．

　危害を防ぐために自分の専門的能力が役立ち，それができるのは自分しかいないと判断するとき，そのように行動する人であってほしい．これが技術者倫理の基本である．

　平易に言えば，行動規範が抽象的原理ではなく，具体的規則，たとえば，殺してはならない，盗んではならない，で示されれば我々はそれに則って行為すればよい．しかしながら，極端な例であるが，人を殺してはならないというが，正当防衛，戦争における人殺しはどう考えるか．正当防衛や戦争の場合は殺してもよいとする例外規則を設けたとすると，正義の戦争とは何かという新たな疑問が生じる．結局のところ，原理・原則と個々の事例の間にはギャップがあって，そのつど検討する余地があると考えるのが適当である[1]．すなわち，これが応用倫理であって，技術者倫理，環境倫理，生命倫理などといわれるものである．いくつかの例を比較して，それらを分類し，よりよい結論を求めていく．このようにして実践的解答が出される．

　たとえば，環境の視点から例をあげてみる．

　鞆の浦の埋め立て架橋事業がある．交通渋滞解消には橋をかけるしかないと言う県の主張に対して，景観は国民の財産であるとして，事業差し止めを求めた裁判（2009 年）であり，また，砂利採取業者が海砂を取るため砂浜が侵食され，海がめの産卵場所がなくなったとして住民と海がめが海砂採取の差し止めを求めた裁判（2003 年）がある．訴えた側と訴えられた側の主張には大きなギャップがあるが，住民が豊かな自然を享有する権利，生物の生存権を主張したものであり，新たな考え方が共有されつつある．

　一方，干潟を干し上げ，農地化する目的から，1989 年諫早湾干拓事業が始まり，1997 年潮受堤防で閉め切られたが，2000 年記録的なノリ凶作に見舞われ，漁民は工事差し止めを求めて提訴した．工事の差し止めを求めた仮処分訴訟では，一度は工事の差し止めを命じられた（2004）ものの，2005 年「差し止めを認めるには，有明海における漁業被害と干拓事業との因果関係に関するより高度な立証が必要」として棄却された．しかし堤防撤去や開門を求めた本訴では，2008 年の佐賀地裁に引き続いて 2010 年の福岡高裁でも開門が命じられたが，まだ議

論は続いている．溯れば，因果関係が定かでないとして，水俣の水銀は延々と垂れ流された．一方で，因果関係が明らかではないが，綿密な調査の結果，その原因が共同利用の井戸水にあることを突き止め，その使用をいち早く中止したことによってコレラの拡大が抑えられた（1854年，ロンドン）事例[2]もある．コレラ菌はその後1884年にコッホによって発見されたのは周知の事実である．

科学にも限界がある．科学的に立証できなければではなく，疑問があれば立ち止まる勇気も必要なのではないだろうか．

一方，食の安全性の視点から例をあげると以下のようなことがある．

人間は体内で合成できないものを食物から摂らなければならない．逆に，何でも食べることができたから現在まで生き延びることができたといわれている．

レイチェル　カーソン女史は自著「沈黙の春」（1962年，新潮社）の中で，初めて「生物濃縮」なる言葉を使って，生命体が環境汚染物質を体内に蓄積することによって様々な変化を引き起こしていることに警鐘を鳴らしたのである．

水には 1,000 ppb しか溶けない DDT（図 1-1）がペンギンのお腹から 1,000 ppm の濃度で検出されたことは，牧草地で散布された DDT（殺虫剤）が雨に流され川から海へと広がり食物連鎖によって魚からペンギンへと運ばれたことを意味している．同様に，工場から排出された水銀は魚を介して人間の体内に入り水俣病[*1]を引き起こしたのである．また，ゴミ焼却や自動車の排ガスが主発生源

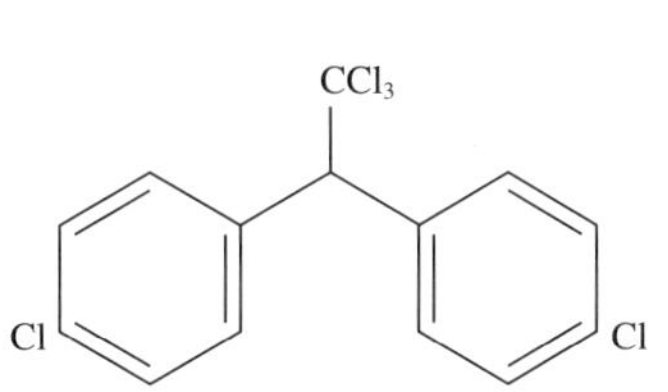

$C_{14}H_9Cl_5$

図 1-1　DDT（Dichloro Diphenyl Trichliroethane）の化学構造．
　　　　DDT は強い殺虫性，即効性，持続性に優れている．

[*1]：1959年，水俣市の一定地区において視野狭窄，運動失調，痺れ感を訴える患者が多発．工場廃液からメチル水銀が検出され，動物実験との対応が符合した．

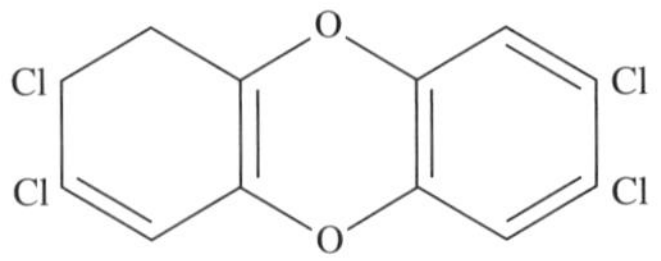

2,3,7,8テトラクロロジベンゾ-P-ジオキシン

図1-2 ダイオキシンの化学構造.
ダイオキシンの耐用い1日摂取量は4pg/体重kgと
定められている.

であるダイオキシン類 (図1-2) は環境中で分解されにくく, 水には溶けにくいが, 脂溶性であり, 大気中の粒子などに付着し, 土壌, 河川, 湖沼, 海泥などを介し, 食物連鎖を通してプランクトンなどから魚介類に取り込まれると考えられている. ちなみに, 日本人は食事からダイオキシン類の90％以上を摂取しており, そのうちの約80％が魚介類を介して摂取されているといわれている.

このように考えると, 食の安全性と環境汚染との間には密接な関係のあることが理解できる.

DNAの組み換えは, 環境に強い (言い換えれば人間に都合のよい) ものを作り出すことによって, 生物のバランスがくずれることを懸念する生物学者もいる.

2010年10月に開催されたカルタヘナ議定書第5回締約国会議において名古屋・クアランプール補足議定書 (組み換え作物がもともとある自然のバランスを壊した場合, 生産した企業などに現状回復を義務づける) を採択した.

長いスパンでみると, 外来種だけがバランスを壊しているわけでないということである.

つまり, 環境を大きな連鎖の中で捉える必要がある. 再生可能な利用, 生物と共存する発想がなければならない.

海は魚を育み, 再生可能な量を人間 (生物) が間引き, 食べ, 排泄したもの (P, Caなど) を魚 (生物) が利用, 再生産しているわけで, 一方的に工場排水を流せば環境の再生産サイクルは起動しなくなることは明らかである.

先に行動規範に則って行為すればよいと述べたが, 原理・原則を固定し, それに当てはめていくということに尽きるのではなく, 必要なら逆に原理・規則も問い直していかなければならない.

たとえば，これまでは，浴びた放射線の総量が増えるほど，ガンの発生する確率が高くなるとされてきた．この考えに基づいて，できるだけ浴びないようにすることが義務付けられている．

ところで，遺伝子に異常が起これば直ちに修復されることが確認された．また修復不能な損傷を受けると，その細胞を体から排出させる（アポトーシス）ことも解明された．したがって，これらの処理能力を超えた場合にガンが発症すると考えられる．

すなわち，放射線と発ガンには閾（しきい）値があって，ある程度以上の放射線を受けると修復ができなくなり，ガンになると考えられる．長崎や広島での被曝調査時には遺伝子修復メカニズムなどは明らかになっていなかった．

つまり，<u>科学的研究成果に基づいた新たな考え方が導入された新しい価値観, 倫理観が生まれる</u>ことになる．

§2. 水産業の特徴

水産業は基本的には水圏における再生産可能な資源を保全しつつ，余剰資源を採捕し利用する資源循環型産業であり，
　①水産物の安定的供給
　②水圏生物資源の保全と増養殖
　③資源管理と漁業生産
　④漁村と文化
を特徴とする．

2-1 水産物の安定的供給

水産物の安定的供給という意味には水産資源の確保はもちろんのことであるが，漁業を担う人材の確保，安全・安心な水産物の提供もまた含まれる．ここでは安心・安全の視点から水産物の安定的供給を考えてみたい．

先に述べたように，「うそをつく」，「盗む」，「殺す」は万民が犯してはならないモラルである．したがって，ウナギなどで見られた産地偽装や表示の改ざんなどは倫理以前の問題といわざるを得ない（表1-1）．さらには技術者レベルの

高度な知識を悪用した例として，窒素化合物のメラミンを添加することによってタンパク質量を偽装した中国産濃厚牛乳がある．つまりタンパク質に含まれる窒素量はおおよそ16％であり，図1-3に示したように窒素量に6.25（最近では乳および乳製品では6.32, 落花生では5.46などとより細かく規定されているものもある）を乗じるとおおざっぱなタンパク質量が求まるという根拠に基づいている．タンパク質量を求めるにはタンパク質を分離するか，タンパク質を構成しているアミノ酸を求めれば正確であるが，いずれもこれまでの技術では手間ひまがかかりすぎたわけで，その隙を突かれたものと言えよう．

　予測される危害として，てんぷら油（トランス酸），エコナ（グリシドール）などをあげることができるが，技術者レベルで予測できなかったのであろうか．すなわち，脂肪酸にはシス型とトランス型とがあり，天然のオレイン酸（シス型）

表1-1　産地偽装例

2007	中国産，台湾産ウナギを宮崎県産と表示
	台湾産ウナギ蒲焼を国産と表示
2008	中国産，台湾産ウナギを国産と表示
	台湾からの里帰りウナギに国産という産地証明を発行
	中国産ウナギ蒲焼を愛知県三河一色産と表示
	中国産ウナギ蒲焼を四万十川産と表示

タンパク質量Pg, それに含まれる窒素量Ng

16 / 100=N / P, 故にP=6.25xN

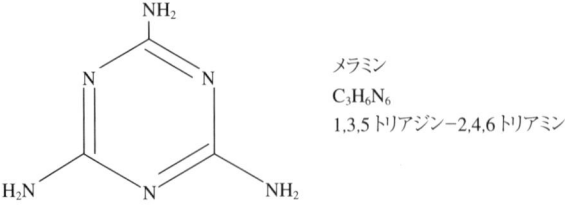

メラミン
$C_3H_6N_6$
1,3,5トリアジン－2,4,6トリアミン

図1-3　メラニンの構造と窒素量からタンパク質を求める式

に対応するものとしてエライジン酸（トランス型）が存在することは古くより知られている（図 1-4）．消費者庁は 2010 年 10 月トランス脂肪酸の含有量表示を義務付けた．また，グリセロール（グリセリン）が加工時に一部グリシドールに変化することも知られている（図 1-5）．問題はこれらを長期に摂食することの人体に及ぼす影響は検討されていたのだろうか．厚生労働省は 2010 年 10 月エコナについてグリシドール脂肪酸エステルがラット体内で発ガン性物質に変化することを実験的に明らかにした．HACCP の考え方（予測されるあらゆる危害を未然に取り除くことにある）が生かされていないと言わざるを得ない．技術者は日ごろから危害を予測する能力を養成することが重要である（予測できる能力の養成）．

環境汚染が食の安全性を脅かした例として，先に述べたようにダイオキシン，水銀などをあげることができる．ダイオキシンの場合，4pg/kg/ 日という耐容 1 日摂取量（1 日の摂食量が体重 kg 当り 4pg 以下であれば生涯摂食しても健康被害を起こさない量）が検証されている．Hg の場合，環境汚染というよりも食物

トランス酸（エライジン酸：$C_{18}H_{34}O_2$）

シス酸（オレイン酸：$C_{18}H_{34}O_2$）

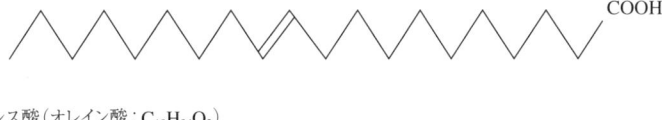

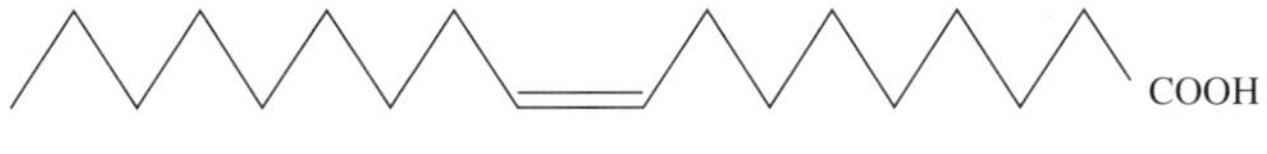

図 1-4　トランス酸およびシス酸の化学構造

グリシドール　　グリセロール

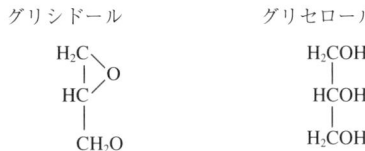

図 1-5　グリシドールおよびグリセロールの化学構造

表1-2 妊婦が摂取時に注意すべき魚介類の種類と摂取量の目安（厚生労働省，2005）

魚介類	摂取量の目安
キダイ，クロムツ，マカジキ，ユメカサゴ ミナミマグロ，ヨシキリザメ，イシイルカ	約80g／回，週2回まで
キンメダイ，クロマグロ，メバチ，メカジキ エッチュウバイガイ，ツチクジラ，マッコウクジラ	約80g／回，週2回
コビレゴンドウ	80g／回，2週に1回
バンドウイルカ	80g／回，2カ月に1回

連鎖の頂点に近いクジラやマグロに多量に見られるが，表1-2に示したように，マグロに関しては，胎児への影響が大きいとし，妊婦の摂食量を規制している．また，クジラに関しては，ごく最近，和歌山県太地町の住民約千人を対象に，毛髪中のメチル水銀濃度を調べたところ，クジラをほとんど食べない人よりも4～5倍高かったことが明らかにされたが，調査を継続するとしている（国立水俣病総合研究センター，2010年5月9日発表）．このような科学的検証結果の尊重，遵守がまた求められるわけで（科学的検証結果の尊重，順守），水産物に限れば，鮮度，環境汚染からの回避をいかに保つかが重要であろう．

2-2 漁業環境保全

環境保全のための技術開発にあたっては，生物の多様性によって保障されている生態系自己管理能を人為的に強化するような方策が必要である．すなわち，魚介類を人間に役立つ単なる資源として捉えるのではなく，そこに生き続ける生物の存在が人間も含めたすべての生き物の環境の保全に関与していることを理解すべきである（自然の生存権）．それをふまえて，わが国周辺海域の漁業情報，海洋環境情報，藻場，干潟の消長，赤潮の発生状況（日中韓共同研究，2006年），油濁汚染の発生（工場排水新規制，2007年）などの情報をリアルタイムで計測できるシステムの構築が必要であり，2010年海洋情報の一元化が海上保安庁を中心に整備されつつある．それによれば，海水のイオン濃度，有機物量などの海洋化学の情報，干潟の分布，ウミガメ上陸地などの生態系の情報がたちどころに得られるとしている（日経新聞，2010年1月20日）．

一方，養殖や栽培漁業にとって環境の悪化は生産量に大きな影響を与えることは明らかである．給餌，閉鎖型循環式養殖，病害防除技術，種苗生産，海洋深層水の利用などとの関連性も重要になってくると考える．詳細は専門書に譲る．

2-3　資源管理と持続的生産

　1995年，FAOの水産委員会において責任ある漁業に関する行動規範（CCRF）が採択された．CCRFは水産業に関するあらゆる規範を網羅しているといわれているが，なんと言っても漁業管理がCCRFの中心であり，最優先課題である．しかし採択されて以来10年以上経過したもののCCRFの包括的評価がいまだなされていない．こうしたことから，国際NGOチャタムハウス（王立国際問題研究所，ロンドン）が「FAO加盟国の漁業への取り組みに関する調査」を行い，日本は9位の評価を受けている．それによればわが国の漁業管理の取り組みは，水産資源の利用に関しては高い評価が得られたが，保存管理に関する取り組みについては低い評価となっている（文献3に詳細が記されている）．適切な評価を得るためには，日本から積極的情報発信が必要である[3]．

　ちなみに，わが国ではこれまで，漁業資源を管理するために漁業法および水産資源保護法に基づき，資源状況などをふまえて許可隻数の制限や漁船のトン数制限などをおこなってきた（入り口規制）．しかし，国連海洋法条約（1996年批准）では漁獲量の総量規制（出口規制）を漁業資源管理手法としなければならない．日本もこれに基づき，TAC制度（漁獲可能量）やTAE制度（漁獲努力可能量）の導入を図っている．しかしながら，マグロ資源の減少に歯止めがかからない．ミナミマグロは1999年以降資源の回復傾向は見られない（CCSBTミナミマグロ保存委員会）とし，大西洋クロマグロは8割減少（ICCAT大西洋マグロ類保存国際委員会）し，2010年，ワシントン条約締約国会議（国際取引を規制することで絶滅の恐れがある野生動物を保護するのが目的．1973年ワシントンで採択された）で絶滅危惧種に指定されそうなほど資源が減少している．一方，サンゴ礁は土砂の流入，水質汚染，温暖化などによりここ40年間で1/3～1/5が失われ，マングローブ林の面積は半減，そこに群生する植物種の1/7が絶滅の危機にあると言われている．これを受けて，環境省はサンゴ礁保全強化に向け行動計画を発表した（2010年2月16日）．それによれば，海洋保護区（海の環境や生

物を守るために設けられる自然保護区であって，日本の場合，海中公園がこれに相当する）の拡大（後述）やオニヒトデの駆除に集中的に取り組むことを柱としている．具体的には，海域での国立，国定公園の指定，ラムサール条約への登録などである．

また，2008年，水産資源の持続的利用や生態系の保全を図るための資源管理活動を積極的に行っている漁業者を支援し，かつ消費者をはじめとする関係者の水産資源の持続的利用や海洋生態系保全活動への積極的参加を促進することを目的に水産エコラベル制度[4]（持続的漁業で獲られた水産物にラベルを貼って，その商品を消費者が選択することにより，持続的な漁業を推薦する制度）が立ち上げられた．資源管理を国民総出で（漁業生産者から消費者まで）行う時代に突入したといっても過言ではなかろう．エコラベルには認証基準（生産段階認証基準）があって，認証を受けるにはこれらの基準を満たす必要がある．さらに，認証されていない水産物の混入なしに最終製品として消費者に届く事を確認するために，流通加工段階認証基準も設けられている（表1-3）．

現在，ベニズワイガニ（日本海かに・かご漁業），サクラエビ（2そう船びき網漁業・静岡），シジミ漁業（十三湖），イカナゴ漁業（シラス・イカナゴ船びき

表1-3　エコラベル認証基準

生産段階	1.	管理体制に関する要件 確立された実効ある管理制度下で漁業が行われていること
	2.	対象資源に関する要件 対象資源が持続的に利用される水準を維持していること
	3.	生態系への配慮に関する要件 生態系の保全に適切な措置がとられていること
流通・加工段階	1.	内部管理体制に関する要件 管理体制が整備されていること
	2.	仕入れ加工および出荷の記録に関する要件 文書保管，トレーサビリティが確保されていること， 対象外の水産物の混入がないこと
	3.	生産者における流通・加工段階 （漁獲および水揚げの記録に関する要件） 文書保管，トレーサビリティが確保されていること， 対象外の水産物の混入がないこと

網漁業・愛知）などがエコラベル認定を受けている．

2-4 漁村と文化

　漁業者は漁場に接近した辺地，離れ島，半島などに居住する場合が多く，漁船や養殖場の保護，蜜魚の監視などが漁業者の日常生活の一部になっている．また，漁場の共同利用，共同操業，水揚げ作業，漁具の補修などは漁業者の共同作業によって行われることから，漁業者は漁村という社会を形成して居住している．漁村では10トン未満の動力船漁業，採貝，採藻漁業，地引網漁業，定置網漁業，養殖業など多様な漁業が営まれ，漁業活動を通してろ過食性動物や藻場，干潟などの機能を維持することにより水質の浄化，生物多様性の維持，海岸線の保全などが図られている．

　一方，漁村は都市住民に対する健全なレクリエーションの場（海水浴，釣り，ダイバー基地，ときには子供達の教育の場であったり，食育の場であったりする）を提供し，豊かで安心できる国民生活の実現に貢献している．また，植林活動や海浜清掃を通して沿岸域の環境保全が図られている．

　しかし，漁業生産の担い手は高齢化し，減少している．若者達が集まってくる魅力ある町おこしが緊急の課題であろう．

　海はそこに生活の場をもっている人たちによって守られてきたことは先に述べた．その人たちの漁業的利用，慣習的利用が大きいことを認識しつつ，一般市民的利用をいかにして図っていくかを考えることが重要であろう．

§3. 水産から発信できるもの

　開発や乱獲，放置されたことによる自然の質の低下（ヘドロなど），外来種などによる生態系の変化などの理由から，生物多様性（様々な生物がバランスを保って生存している状態）が失われつつあるとして1992年に生物多様性条約が生まれた．日本はこれを受けて1997年生物多様性国家戦略が閣議決定された．それによれば，生物多様性を社会に浸透させる，地域における人と自然の関係を再構築する，森・川・海のつながりを確保する，地球レベルで行動する，ことをうたっている．さらに，2005年から「国連・持続可能な開発のための教育の十

年」計画が始まったが環境や地球に対する見方が変わらない限り何も変わらない．ちなみに，2006年度のIUU（違法，無報告，無規制）漁業は約1兆1千億円（日経新聞，2006年3月13日）に達し，2007年度欧州加盟国がマグロを4,500トン過剰漁獲していたことも明らかになった．さらに，2010年，わが国では，適正な漁獲と証明できないとしてクロマグロ2,300トンの輸入を停止したが，漁獲証明書（漁獲物に関する数量，漁法，海域，時期，漁船名，などを記入し漁獲から出荷までの生産・流通過程について輸出国政府が確認したことを示す）の対象をメバチ，キハダなど全マグロ類に適用することの検討に入った（日経新聞，2010年4月4日）．さらに，水産庁は日本漁船（大中型まき網漁船）を対象に漁獲規制案を発表した（2010年5月）．その内容は，産卵期の休漁，漁獲サイズ規制，個別漁獲割り当てなどである．将来は当該資源管理策を中西部太平洋まぐろ類委員会（WCPFC）でのクロマグロ漁獲規制のモデルにしたい考えである．

　マグロだけでなく持続的再生産を利用した生物の資源管理（利用）は世界の趨勢で，2010年10月，生物多様性条約第10回締約国会議（COP10）が日本で開催され，実効性のある目標「2020年までに生物多様性の損失を止めるために効果的で早急な行動を取る」，「陸地は少なくとも17％，海域は公海を含む少なくとも10％を保全する」などが決議された．

　<u>人間の尊厳を保ちつつ，しかも他の存在との共生を図る世界観，倫理観の構築</u>が期待されるが，これこそ水産の現場から発信できるのではないだろうか．

　平易に言えば，生物多様性を保全することが私たちの社会生活と生命そのものを支えることであることを理解すべきである．これをふまえて，漁村は自然体験の場として，すなわち人間も含めたすべての生き物の環境を楽しみながら学べる場としてもっと，もっと積極的に活用する方策を提示すべきであろう．

　今，世界には10億ともいわれる飢餓で苦しんでいる人達がいる．一方で，日本では食べ残しなどで処分されるロスは全体の10％を超えるといわれている．利用しにくい魚介類を原料にした液化タンパク質（図1-6）や粉末タンパク質の形（図1-7）での食料支援はできないものだろうか（<u>公平な配分</u>）．

　一方，視点を変えれば，新顔の魚ともいうべきベトナム産スギ，インドネシア産マルコバン（いずれも養殖魚）などは，一時期カンパチ，シマアジなどと

原料→消化分解→加熱殺菌→水溶液→濃縮・脱臭→製品

図1-6　液化タンパク質の製造

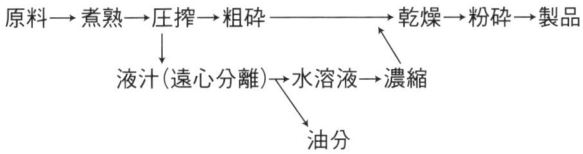

図1-7　粉末タンパク質の構造

いわれ，ちょっとした人気があったようだが，表示法がより厳格になり本来の表示になったとたん，売り上げが激減したといわれている．魚資源すなわち食料資源と考えるならば，われわれは専門家として知りえた情報，すなわち食品としての価値を科学的（食品成分や栄養価などからみて日本の魚と同じであること）に伝えるべきであるし，このことが後進国の経済支援にいささかでも寄与できればと考える．

水産物の動物性タンパク質源としての役割は重要であるが，日本では魚肉離れが進んでいる．一方で，今世界中が魚食に注目している．その理由の一つは，BSEなどの汚染のない天然の魚介類は肉食よりリスクが小さいと考える傾向と寿司などの日本食が体によいということで世界に広がったと考えられる．魚食中心の文化をもつ日本から魚の取扱いや鮮度という考え方（魚の取扱い技術）を世界に発信することは，予想される食中毒などを未然に防ぐためにも，急務である（技術者として知りえたことを一般市民に知らせる義務）．

水産物に含まれる有用物質は多岐にわたっている．EPA，DHAなどは早くよりその効能も明らかにされているが，多くの有用物質（抗菌性物質，生物毒，海藻多糖，ペプチド，ホルモン，酵素，抗腫瘍性物質等々）を産業レベルにまで育てるには水産業の域を超えている．前述した問題も含めて，水産の域をでた広領域での共同作業が必要である．ちなみに，COP10では微生物も含めた動植物資源の利用には原産国の事前同意が必要とし，生じた利益は関係国間で衡平に配分すると規定した．

食文化，環境，資源などの視点から，水産にとらわれずに異分野（他分野）と共同して，あるいはリードすることによって新たな展開を図るべきであると考える．

文　献

1）今井道夫：生命倫理学入門，産業図書(株)，1999，pp8.
2）加藤尚武：環境と倫理，有斐閣アルマ，2000，pp194.
3）大橋貴則：担当者が語る水産の動向―平成21年度水産白書に寄せて―，水産振興，510号，(財)東京水産振興会，2010.
4）西村雅志：マリン・エコラベル・ジャパン―未来につなげよう，海と魚と魚食文化！―，水産振興，(財)東京水産振興会，2008，pp23.

2章

森川海の水産支援・循環型複合技術システムの展望

井上祥一郎（名邦テクノ・エステム・アーステクノ）
技術士（水産・森林・農業・上下水道・衛生工学・建設・環境・応用理学部門）

§1. はじめに

　わが国の環境政策と水産政策が異なる省庁で扱われているように，技術士法でも海洋環境関連の専門的応用力を要する科学技術分野として環境分野と海洋水産分野が分けて位置づけられている．環境分野では，閉鎖性水域で豊かな水圏が失われた原因を，陸域からの過剰なN（窒素）・P（リン）の供給であると指摘し，富栄養化，そしてそれによる赤潮の発生，その死滅によるヘドロ化と貧酸素化・青潮発生というシナリオを提示した．この分野の研究者や技術者はN,P対策に多くの時間を費やしてきた．

　一方，水産分野では沿岸域のアサリなど二枚貝の斃死や，磯焼けによる海中林の消失などの水産資源の減少を重視してきた．

　貧酸素・青潮（硫化水素発生）状態では，アサリは代謝活動が低下して生残が困難になる．また，赤潮発生時には養殖魚に被害が出るし，赤潮生物に多い貝毒産生性による貝毒の発生に対しては健康被害防止のための出荷停止措置などが実施され，人間活動に起因する富栄養化と，水産資源の減少や漁業者らの経済的損失は密接に関係している．しかし，環境基準の達成を重視する環境分野と，「水清ければ魚棲まず」と言い慣らわし，N,Pの過剰削減は水産資源減少の一因と考える水産分野との価値基準の乖離は大きく，両者の研究連携は不十分で，双方ともに問題解決には至っていない．

　しかし，春の風物詩であった潮干狩りの数十年前までの賑わいや，環境問題

が起こる以前の1920年～1950年の諏訪湖での30年間の漁獲推移などを振り返れば，人が泳ぐことのできる健全な水質の水辺と，生物が豊かな水域との両立は可能である．

加藤[1]は干潟における生産力や，そこに生息する生物群の巧妙な摂餌方法を紹介して，「干潟の生態系の浄化装置は，豊かな生物群集が織りなす食物連鎖の中でその機能を発揮していた．豊饒な渚こそ，清き渚だったといえるだろう」と述べている．

筆者は問題解決のためにどのような技術を用いるかを決定する際に，社会に責任を有する技術者としてもつべき倫理感が，技術倫理の中に包含されることを重視し，これに関連した事例について問題提起をしてきた[2,3]．中でも技術の選択時に「タブー」の部分が存在することは，技術士法に規定されている「公益確保の責務」を放棄することに等しいことが多い．たとえば，ダムや発電所に代表される沿岸や河川流域の施設・構造物が，藻場の衰退要因とみなすことがタブー視されているといわれている[4]．

本論では，N, P削減技術が長期間駆使されてきたにもかかわらず，閉鎖系水域の湖沼や海域でN, Pの基準を目標値以下に達成できない現状を直視し，解決すべき項目とそのために導入すべき技術を見直す必要性について述べたい．すなわち，問題の原因をN, Pのみに限定せず，視点を変えて他の原因を検索し直し，目的達成に向けた新たな対策を通して矛盾のない解決に適応していく必要がある．なお，解決に資する技術選択時には，その技術の導入が技術者倫理に適合するか否かの自問が必須である．

沿岸域の環境は森川海の繋がりの結果という市民合意が得られつつあるが，この問題解決のために直面する現実の課題は，行政，研究に関連する縦割りの解消あるいは組織間の融合であろう．このことは技術と技術者自身に課せられた役割であり，使命である．

また，森川里海をつなぎ，水産支援・循環型環境社会つくりを最終目的として，これを実現するための環境分野と水産分野をつなぐ技術についてその有り方を展望する．

§2. 技術見直しを必要とする根拠

　筆者は，環境浄化の技術手段として新見式土壌浄化法，複合ラグーン法（低負荷・半回分活性汚泥法），小山・岸法（底質好気化法），吸引・送気微生物発酵（堆肥化）法の4つの技術経験を積んだ．各々の技術については，森林，上下水道，廃棄物処理，畜産，水産，環境影響評価，環境，地球化学分野の技術士経験論文に記述し，客観的な技術のレベルを確認してきた．

　複合ラグーン法は合理的なエネルギー消費で窒素を除去する能力があり，富栄養化の特に大きな課題であった畜産排水で多くの実績を挙げてきたが，同時に水域環境の保全にも寄与し，畜産，特に養豚業界の経営改善に大きく貢献した．

　その後，かつてヤマトシジミを豊産した汽水湖を主な場として2002～2005年度の4年間にわたる一連の底質改善実験を実施し，赤潮，ヘドロ化，青潮，アサリなど二枚貝資源減，磯焼けなどの対策には，N,P以外に，シルト・粘土などによる濁度と，硫化水素（H_2S），ケイ素（Si）に着目した総合的な研究が重要という結論に達した．

　ヤマトシジミの衰退の原因と推定された濁度については，底泥の透水係数の測定，斃死に至る毒性を示すH_2Sについては底泥のpH（H_2O_2）測定，陸域からの供給減少が懸念されたSiについては，灌漑用水を取水する河川の水質データ資料などを根拠にして検討した．

　上記の濁度，H_2S，Siについては，全て過去からヤマトシジミの消長に関与する要因として指摘されている事項である．各々の研究の時期や場所は離れているが，もし，関係者間で協働の機会があったとすれば，成果は数十年前に得られていた筈で，現時点では問題解決に至っていたであろう．後述するが，濁水対策とSi対策は同様のプロセスで問題解決に目処がつくことが多い．土と緑と水の関係である．

　筆者が当該事項の重要性を認識するに至った先行研究を列挙すると次のとおりである．

　　①水産資源回復におけるSiの重要性については，角皆によるシリカ欠損仮説[5]

②濁度については津田[6]が示した非活性浮遊物の底生生物への影響．ただし，当初情報を見逃し，その重要性が認識できたのは2008年[1]

③H_2Sによる被害については，稲の秋落ち（老朽水田でH_2Sの影響によって結実前に根の傷みにより稲が枯れる現象）を知識としてもっていたが，職場を名古屋に移した1992年に，故小山忠四郎名古屋大学名誉教授から，海水を被った稲が枯死するか生残するかは水田土壌中の反応可能な鉄（Fe）の有無による，と聞かされて再認識

相互に関係し合うこれらの要因を検討するために，体系化された研究技法を導入し，2002年から4年間の底質改善研究に臨んだ．

以下，環境・水産の両分野に共通する未解決の課題と，濁度，H_2S，Siとの関連を整理しておきたい．

2-1 赤潮の発生とケイ素（Si）との関係

2009年の鹿児島県など九州3県の赤潮被害は33億円に上ったが，2010年ではそれを上回る53億円に達した．赤潮は貝毒の原因ともなるので，それに伴う出荷停止措置の被害がさらに加わるが，上記の被害額数値には含まれていない．

有害赤潮は渦鞭毛藻類が主体とされるが，その競合種はケイ藻であり[7]，松山[8]も同様の指摘をしている．

かつてのようにケイ藻類が優占せずに，渦鞭毛藻類が優占する，原因がSiの不足であるとするシリカ欠損仮説に関する研究は，角皆[5]の後，水産分野では児玉らによるDSi（溶存ケイ酸態ケイ素）：DIN（無機態窒素）比の研究[9]などがある．海外事例では黒海に注ぐドナウ川の紹介例が多い[7,9]．

2-2 ヘドロ化の原因としてのシルトと粘土の流入と水域の濁度

ヘドロは赤潮生物死滅後の沈積物が主体だと思っている人も多いが，実際には砂，シルト・粘土，有機物などの混合体であり，陸域由来のシルト・粘土など無機系微細粒子の影響が無視できない．

津田は，ガラス原料の珪砂の洗浄施設から非活性浮遊物を含む濁水が流下して底質に細粒化をもたらすポトマック川右岸と，濁水の影響が少ない左岸における出現底生生物の属数と個体数を比較し，半世紀前に報告[6]している．

中村[10]はヤマトシジミの生息可能なシルト・粘土含有率は50％以下で，強熱減量（IL）は14％以下であるとしている．

2-3 青潮の原因としての硫化水素（H_2S）

一般に「貧酸素≒青潮」とされるが，青潮は水域で発生した毒性のある H_2S が，溶存酸素濃度（DO）が高い水塊と出会って硫黄粒（S^0）に変化し，青白色を呈する現象であり，萩田[11]が示したように，アサリは貧酸素耐性は高いが，硫化水素耐性は低い．したがって「貧酸素≠青潮」，かつ，「貧酸素障害≪硫化水素障害」と整理して考える必要がある．

日向野[12]は，アサリは通常時の好気代謝を，貧酸素条件下では嫌気代謝に切り替え，DO濃度の回復によって好気代謝に戻るが，H_2S の存在があるとかなり低濃度としても好気代謝に戻ることができず，斃死することが多いと指摘している．

これらのことからアサリの生残を目的とするならば，複数あると考えられる H_2S 対策の検討を，貧酸素対策より優先させることが実効性に繋がる．

H_2S は海水中の酸素（O_2）が消費された後，多量に存在する硫酸イオン（SO_4^{2-}）を使う硫酸還元菌が残有有機物を分解する時に発生するが，透明度の高い成層する水域では，好気嫌気境界部分に光合成細菌が増殖し，H_2S を資化して無害化する．この透明度は濁度に関係することに注意しておきたい．また，反応可能な Fe があると硫化鉄（FeS）になり沈殿し，更に硫黄（S）が付きパイライト（FeS_2）になって安定する．すなわち土壌学で pH(H_2O_2) 値が3以下を判定基準とする酸性硫酸塩土壌の性状を示す底質になる．酸性硫酸塩土壌は H_2S の発生が出発点となって生成されるのである．マングローブ林がつくる土壌はこのタイプで，高温，好気条件で鉄酸化細菌，硫黄酸化細菌による分解を受け，硫酸（H_2SO_4）による生育障害が出る農業不適土壌であり，熱帯を中心にして世界で2千万haが存在すると聞いた．

愛知県東三河地方では青潮を「苦潮」と呼ぶが，三河湾の地先埋め立ての浚渫跡（深さ3 m）が H_2S 発生源とわかり，国土交通省は航路の維持浚渫土で埋め戻した上で更に覆砂する計画だという．航路や泊地といった社会資本（インフラ）も地形上同じ問題があり，対策を検討中との報道がある．

かつて汽水湖であった霞ヶ浦沿岸干拓地における水稲生育不良が，酸性硫酸塩土壌に起因するとの報告が最初とされ，それが1939年である[13]．したがってH$_2$Sによる青潮発生は，高度成長期以降の富栄養化によるもののみの結果ではないことがわかる．過去に比べて青潮発生回数が増加した背景は，高度成長期以降，浚渫跡，航路，泊地など人工的な深場面積が地先水域に増加し，かつての発生場所の湾央などに比べ，少ないエネルギーでもH$_2$S含有水塊の湧昇が発生するようになった状況の変化を反映しているものと思われる．

2-4 磯焼けとシルト・粘土による濁度との関係

ウニや植食性魚類の摂食圧による磯焼け原因説が現時点では主流だが，横浜[14]は濁度上昇による光度不足が，海中林生成不良の根本的な原因としている．2009年は日照時間が少なく米の不作予想が報道されたが，このような陸域の事象に置き換えると光度不足説は理解しやすい．陸域を起源とする濁りの長期化は，海の透明度の低下の長期化を余儀なくし，光合成量を低下させることになる．

大山[15]はカジメ群落の生産力を三重県錦湾で計測し，現存量，LAI（葉面積指数），生育密度で評価している．これを志摩半島沿岸と下田鍋田湾のカジメの既往値と比較し，志摩半島とはほぼ同じで，鍋田湾より低くなる傾向を明らかにした．この原因として錦湾では魚類養殖による水質悪化により透明度が低下し，光条件の悪化がカジメ生産力低下の原因と推論している．

また，荒川[16,17]は，海中懸濁粒子のワカメ・カジメの遊走子の沈降速度および基質着生の影響や，海底堆積粒子のワカメ・カジメ遊走子の着生と成長，生残および生育への影響を調べ報告している．

有本[18]は，植食性の雑食魚類といわれているアイゴが，動物性餌料への依存性が高い雑食性を示すことを確認し，海藻群落が衰退する原因として，海藻群落海域の動物性餌料量の著しい低下により，海藻への摂餌圧が高まった可能性があると述べている．アイゴの主たる動物性餌料のヨコエビの食性が，葉上の付着ケイ藻と繋がればケイ素（Si）の消長と繋がっていく可能性もある．

§3. 解決法についての考え方

　前項から赤潮対策としては，N(P) に対する相対的な Si 不足を解消するような対策が考えられる．過去には佐々木[19]が，ケイ酸（SiO_2）を霞ヶ浦湖水に添加し，優占する植物プランクトンを藍藻（アオコ）からケイ藻に変えることによって，より高次の食物連鎖を変化させ，ワムシ類を増殖させてワカサギの資源回復を試みた実験がある．

　また，ヘドロ化，磯焼け対策としては，陸域由来の濁水の防止策の重要性が示唆された．一方，砂の流入が不足する場合には，分級などによるヘドロ底質自体の粒度を改善する必要もある．

　また，アサリなどの二枚貝類などでは H_2S による代謝異常が斃死に結びつくので，その対策を優先する必要がある．例えば光合成細菌による H_2S の無害化を期待するとすれば透明度を上昇させるための対策が必須である．過去には梶川[20]の水稲の秋落ち対策を参考にして，赤土を H_2S 障害のあるカキ筏下に客土するという，客土利用による H_2S 発生防止策の成果報告がある．

　アサリなどろ過食性の二枚貝の資源増加があれば，水域の透明度の上昇が期待できる．同時に生息水域の化学的酸素要求量（COD）が低下する．透明度が上昇すると補償深度（植物の生産と消費が釣り合う光条件の深さ）が深くなり光合成量が増えて O_2 濃度は上昇する．アサリなどの好む餌料がケイ藻，好む底質は砂質であり，Si，濁水との関りも大きい．

　以上をまとめると，N，P とバランスする Si 供給，濁水発生の抑制と現底質の細粒化改善，H_2S 対策の重視の4項目が技術目標になる．他方，近年注目される海底湧水は，透明度が大きく Si 濃度が高く[21]，湧出量が流入河川水量の17%（有明海）[22]〜30%（富山湾）[23]と多い．集水域における雨水の地下滋養策などの海底湧水の積極的な量的増大策の将来性も期待し，可能性を指摘しておきたい．

§4. 陸域からの負荷とその対策

　前項で好漁場条件といわれる海底湧水に触れたが，海域の生物生産に対する

陸域の影響を評価することも重要であることから，河川の流域に視点を移した技術の例について述べたい．

筆者は濁水に関して，間伐が遅れた人工林の表土流出や，代掻き時の水田濁水などによる面源負荷，ダムによる濁水流出が長期化傾向を示すことに着目している．

間伐により林床へ適度な光が入るようになると下層植生が発達し，土壌が形成され地表下 5 cm の土壌含水率が 3〜10% 上昇する[24]．また，森林土壌を通った雨水は湧水になるが，特異的に Si を溶解し[25]，Si の対 N, P 比率は海底湧水とほぼ同じで対 N では数十，対 P では数百のオーダーを示し，雨水を意識的に土壌経由させる地下水涵養技術は，迂遠のようだが海域への Si 供給策として期待できる．

間伐促進には間伐材の利用促進が欠かせないとして 10 cm 角 3 m の無垢材をパネル化して組み上げ，構造，内装，断熱，蓄熱材に兼用して多使用する住宅が開発されているが，10 cm 厚木材を住宅に使用した場合の室温変動比（外部温度の日較差／内部温度の日較差）は約 0.3 で，20 cm 強の土壁，24 cm のコンクリート壁に匹敵する．実在する間伐面積 1 ha に相当する 10 cm 角長さ 3 m 材を 1,300 本使用した 29 坪の住宅は，住宅自体が 33.3 トンの CO_2 を固定し，森林は土壌を生成して 17 トンの土砂の流出を止める[26]．間伐による森林土壌の含水率の上昇については前述した．これらは林業分野との協働を進める上で参考になる具体的事例である．

代掻き濁水を出さない「不耕起＋冬期湛水」水田があるが，慣行法に比較しメタン（CH_4）の発生が 40% 削減され，CO_2 に換算すると 1.8 トン/ha が減少する[27]．淡水魚の産卵場所として評価することも考えられ，内水面漁業と水田農業との協働を進める上で参考になろう．

水田土壌浸透水の Si 濃度についての資料が手許にないが，緩速砂ろ過法による浄水処理で夜間に SiO_2 濃度の増加が報告[28]されているので，同様の結果が期待でき，今後，検証を進めることの意義がある．

Si 供給能のある緩速砂ろ過法は，急速ろ過法，膜ろ過法など他の浄水法に比べて LCC（ライフサイクルコスト）に優れるとの報告[29]もあり，自然の恵みの享受である生態系サービスに依拠する技術である．浄水技術も選択によっては水

産資源の循環と無縁ではない.

ダムによる濁水の長期化については，1961年の豪雨の際，多摩川の小河内ダムに流入した5千万m^3の濁水の流出に2カ月を要したとの報告[30]がある．また，別に同ダムのSi捕捉量の研究もあり，流入Si 1,800トン/年の内，流出量との差，すなわち減少量は14％にあたる250トン/年とする報告[31]がある．ダムの課題を考える際参考になる情報である．

§5. おわりに

海域の水質改善と豊かな生産力を両立する上で，河川の流域を視野に入れて技術的な視点で考察した．様々な研究分野からの，多様なアプローチに支えられているので，ここで述べた技術は，実効性の高いものであると考える．いずれも個々の技術は先端技術とはいえず，新規性にも乏しいが，今後この分野のシステムとしての有効性に着目した技術発展を切に願う次第である．

生物を取り巻く環境は多様であるから，多面的な視野をもち，分野を超えて過去の技術や研究に学ぶ柔軟性を備え，森・川・海をそれぞれ専門とする学者や技術者が協働することの意義と重要性を理解して頂きたい．

今後は更に進めて具体案として「砂分離残置底質改善法」を核にした技術システムを，モノサシ技術[32]として紹介したい．現時点では厄介者のヘドロであるが，これを砂と泥に分級し，砂は元来の底質とて撒き戻し，泥分を好気化すると様々な効用が見えてくる．

本論をまとめるに当たって研究者の方が，貴重な多くのご指摘を頂いた．できるだけご指摘を生かすよう努めた積もりであるが，なお，理解しにくいところがあるとすれば，すべて浅学非才の筆者の責任である．

文　献

1) 加藤　真：干潟の浄化機能，日本の渚，岩波書店，1999，p.80．
2) 井上祥一郎：田んぼの取り扱い方を例にした環境保全の技術者倫理，技術士，平成20年12月号，pp.4-7．
3) 井上祥一郎：今，日本の技術者倫理を考える―地震研究における「人造地震」を他山の石とする技術者倫理―，平成21年

度技術者倫理研究事例発表大会要旨集, 2009.
4) 藤田大介・村瀬　昇・桑原久実編著：非食害型の藻場衰退の要因コメント, 藻場を見守り育てる知恵と技術, 成山堂書店, 2010, p.29.
5) 角皆静男：生態系の変化と化学物質, 岩波ジュニア新書, 海に何が起こっているか（関　文威・小池勲夫編）, 岩波書店, 1991, pp.189-193.
6) 津田松苗：非活性浮遊物, 汚水生物学, 北隆館, 1964, pp.22-28.
7) 農林水産技術会議事務局：有害赤潮の生態学的制御による被害防除技術の開発に関する研究, 1996, pp.90-96.
8) 松山幸彦：有害渦鞭毛藻 Heterocapsa circularisquama に関する生理生態学的研究 I, H.circularisquam 赤潮の発生および分布拡大機構に影響する環境要因等の解明, 水産総合研究センター研究報告第7号, 2003, pp.67-68.
9) 児玉真史・田中勝久・澤田知希・都築　基・山本有司・柳澤豊重：矢作川下流におけるDSi:DIN比の変動要因, 水環境学会誌, 29(43-49).
10) 中村幹雄編著：日本のシジミ漁業, たたら書房, 2000, p.9.
11) 萩田健二：貧酸素水と硫化水素水のアサリのへい死に与える影響, 水産増殖, 33(67-71), 1985.
12) 日向野純也：私信による (2007)
13) 村上英行：干拓地, アーバンクボタ25 酸性硫酸塩土壌, クボタ, 1986, p.12.
14) 横浜康継：海の森の物語, 新潮社, 2001, pp.158-162.
15) 大山温美：三重県錦湾におけるカジメ群落の構造と生産力, 平成9年度三重大学大学院生物資源研究所修士論文, pp.28-31.
16) 荒川久幸・松生　治：褐藻類カジメ・ワカメの遊走子の沈降速度および基質着生に及ぼす海中懸濁粒子の影響, 日本水産学会誌, 56(1741-1748), 1990.
17) 荒川久幸・松生　治：褐藻類カジメ・ワカメの遊走子の着生と成長, 生残および成熟に及ぼす海底堆積粒子の影響, 日本水産学会誌, 58(619-625).
18) 有本麻衣子：魚類の摂食による磯焼け発生機構に関する研究, 平成19年度東京海洋大学大学院, 修士論文, 2008, pp.16-31.
19) 佐々木道也：霞ヶ浦の最近におけるワカサギ資源の動向について—II, 茨内水試調研報告, No.18 (6-25), 1981.
20) 梶川豊明：水産養殖業における客土の利用, 水産時報6, 12(17-25), 1954.
21) 安元　純・広城吉成・神野健二：有明海における海底地下水湧出とそれに伴う栄養塩の輸送, 第8回地下環境水文学に関する研究集会, 2007.
22) 神野健二・広城吉成・安元　純：地下水による水量・物質の負荷の実測と全域対象のスケールアップ推定, 有明海生物生息環境の俯瞰型再生と実証試験, 2008, pp.18-19.
23) 張勁・佐竹　洋：富山湾における浅瀬および深海の海底湧水, 月刊地球, 23(852-856), 2001.
24) 篠宮佳樹・稲垣善之・深田英久：間伐がヒノキ林の表層土壌水分に及ぼす影響, 森林応用研究, 13 (139-143), 2004.
25) 深見公雄・玉置　寛・天野咲佑美・田中壮太：高知県仁淀川における森林土壌から河川水へ供給される栄養塩の特徴および微細藻類によるその利用, 2009年度日本水産学会春季講演要旨集, 1021, p.160.
26) 井上祥一郎：柱倉つくり住宅の諸効果, フォレストコンサル115(25-28), 2009.
27) 原田久富美・小林ひとみ・進藤勇人：LCA手法による水稲不耕起栽培の温室効果ガス排出削減の評価, 農業環境成果情報報第22集, (独)農業環境技術研究所, pp.60-61.
28) 中本信忠・中田晴美：緩速ろ過池の藻類被膜による水質変化, 日陸水甲信越報,

13, 14 号, 1988, pp.33-37.
29) 岩瀬範泰・木下　哲・小島　誠・中本信忠：下水の高度処理に適用させた緩速ろ過における糸状藻類の発達と光合成の役割, 第4回国際緩速／生物ろ過会議, 2006, 別刷 1-6.
30) 小島貞男：川の濁りが止まらない, 陸水学への招待（半谷高久編）, 東海大学出版, 1980, pp.172-176.
31) 井上直也・赤木　右：多摩川におけるケイ素収支にあたえるダムおよび下水処理場の影響, 地球科学, 40(137-145), 2006.
32) 井上祥一郎：漁耕林連携事業の提案, 日本技術士会創立 55 周年記念特集号, 2006, p.92 脚注.

3章

地域特産品化に向けた「魚沼美雪ます(ニジマス全雌異質三倍体)」の安全・安心

網田健次郎(網田技術士事務所)
技術士(水産・総合技術監理部門)

§1. 新商品開発の背景

　水産業を取り巻く現状は魚価の低迷,消費量の減少など厳しい状況にあり,なかでもサケ・マス類を中心とした内水面養殖業は飼料の高騰,輸入サケ・マス類の増加により,とりわけ厳しい状況にある.新潟県のニジマス生産量(図3-1)は,2003年ニジマス生産量が698トンであったものが,2006年には366トンと急激に半減し,現在も低迷状況が続いて経営は厳しい状況にある.経営の安定化と向上を図るためには,新たな食材,例えば刺身食材としての地域特産品やブランド化を目指した商品開発および販売戦略を立ち上げる必要がある.そのための食材として不妊性を利用し,大型魚を作成するため三倍体魚の作出を試みた.

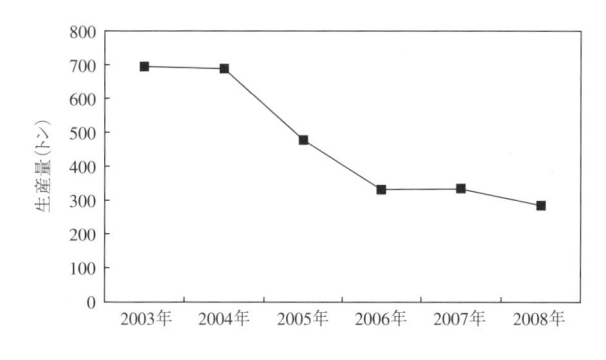

図 3-1　ニジマス生産量(新潟県)の推移

§2. 新商品の作出（生産者との情報交流）

　三倍体魚は成熟抑制効果によって肉質の低下と成長の停滞をなくし，大型魚を生産できるという付加価値があることから，最初に同質三倍体魚（ニジマス雌×ニジマス雄）を作出・飼育生産した．しかし，大量斃死を招くIHN症に罹りやすく輸送に弱いこともあって，ニジマス養殖業者には不評であった．次に前述の生産阻害要因を排除することを目的として，一部のウイルス病に耐病性を有することが期待される全雌異質三倍体魚の作出・飼育を試みた．雄にはイワナの北方種（生息の南限は新潟県）であり，成長度が高いと言われるアメマスを，雌にはニジマスを用いて異質三倍体魚を作出した．作出したニジアメ（ニジマス雌×アメマス雄の三倍体を称す）と対照区のニジマス（二倍体）を用いて空中露出試験・混合飼育比較試験などを実施した．その結果，ニジアメはニジマス（二倍体）と同様の試験成績で，通常のニジマス飼育法と同様に飼育できることが示唆された．また，実証試験として養殖業者にニジアメを提供して飼育試験を行った結果，同質ニジマス三倍体と異なりニジマスと同じ輸送方法・取り扱い方法・飼育管理ができるとの結果が得られた．さらに媒精方法・昇温処理など個々の種苗生産技術について再検討した結果，発眼率が30%前後の安定した生産技術となった．それらの試験結果および実証試験の結果を養殖業者に示して，今後の養殖可能な魚種であることの理解が得られた．これらの結果より，ニジアメを生産販売する方針で開発技術者と養殖業者の間で意見統一ができた．しかしながら，ニジマス全雌異質三倍体魚の生産は数県で実施されており，新潟県はニジマス全雌異質三倍体魚生産の後発地域にあたり，そのため消費者に対して短期間に商品の認知度を高める必要があると思えたが，商品化に向けての販売戦略の展開については検討しなくてはならない多くの課題があった．

§3. 販売戦略の立ち上げ（消費者との情報交流）

　消費者としての対象となる魚沼地域の観光・飲食店業界は，海から離れているにも係わらず刺身食材として海産魚を使用しているのが当時（2005年頃以前）

の状況であった．そのために商品化に向けての販売戦略には，生産量からみても地産地消の地域特産品として商品化をすることが得策と考えられた．短期間に消費者への認知度を高めるために，従来の水産業界からの発信でなくコシヒカリときのこの販売戦略実績を有している南魚沼地域振興局農林振興部に働きかけて，販売戦略のための「アメ・ニジマスのブランド化会議」を2006年度に立ち上げた．事務局を内水面水産試験場魚沼支場におき，構成員は6名の小規模でスタートし，総意として地域特産品としての販売戦略を図ることとした．水産業界と農林行政機関による新商品の販売戦略を作成することは初めてであったため，新商品に関する食の安全・安心に関する事項や商品の需給関係などで，構成員である農林行政機関の関係者間で認識に隔たりがみられた．言い換えれば新商品は大型魚で刺身素材として好適であることを，開発技術者を中心とした生産者側から発信してきたが，農林行政機関の関係者との間には未だに新商品に対する認識差がみられた．

認識の違いとは，例えばバイオテクノロジーからの生産物は遺伝子操作技術から派生した新生物と認識されることが多く，水産業界での魚類のバイオテクノロジーの定義と違いがみられたことがまずあげられる．また，地域の養殖業者と農林行政機関の関係者，旅館・飲食店業界者との係わりが少ないため，水産物の出荷量には季節的な変動が大きく，とくに生産量が少ない場合，鮮魚として安定した供給ができないのではないかというような計画生産が可能な養殖生産物に関する理解不足からの混乱でもあった．さらに，取扱い経験がないため淡水魚は泥臭いというイメージをもとに刺身素材として不適であろうということなど，商品化に向けての不安材料・理解不足が多く存在した．

食の安全・安心および新商品に対する理解不足を埋めるために，開発技術者が戦略会議の構成員であることを活用し，まず他の構成員との信頼関係を構築した上で，科学的に正確な情報を提供する責任があると考える．

§4．「魚沼美雪ます」の地域特産品化（情報交流の必要性）

ニジアメに関する不安材料と理解不足に対して，旅館・飲食店業界である消費者への情報提供・開示が新商品への食の安全・安心を生み出すと考えられた（図

3-2).とくに消費者に対しては,開発技術者が正確にわかりやすい言葉で一方向でなく双方向での情報伝達を行って,消費者からの信頼を得ようとした.

2007年度には,「『魚沼美雪ます』南魚沼ブランド化推進事業」として地域振興局予算を計上し,事務局が地域振興局農林振興部企画振興課に新たに設置されて,販売戦略会議を正式に立ち上げた.会議を通じて情報交流を行い新商品の生産方式をビジュアル的にわかりやすく説明するとともに,観光業界・仲買業者を対象とした試食会や推進会議(図3-3,4)を開催し,試食によって肉に臭みがなく歯ごたえがあって,さっぱりした食感を体験してもらい,様々な料理に使えるとの評価を受けた.これらを通じて食の安全・安心の理解に努めるとともに,淡水魚の臭いに対するイメージを払拭しようとした.なお推進会議の構成員は,開発技術者・養殖業者・農林行政機関および農林産品の販売戦略会議に加わった経験のある有識者に加え,11の関連団体の関係者を加えたものである.その他に,消費者である観光・旅館業界関係者の養殖場見学(図3-5)も実施した.養殖場での体験を通じて雪国の良質で豊富な飼育水を利用した地域の養殖魚であることを説明し,生産者と消費者との直接の意見交換によって新商品が安全・安心な食材であることの理解を深めた.さらに商品のイメージアッ

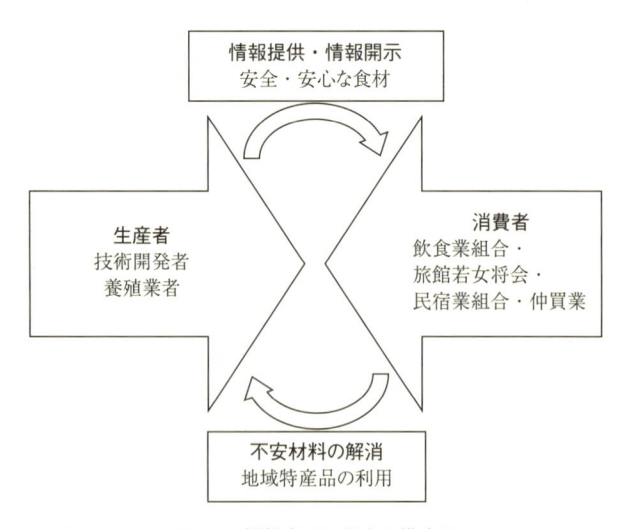

図3-2 情報交流に関する模式図

プを図るため，作出した三倍体魚を「魚沼美雪ます」と命名した販売戦略を展開するとともに，ポスターやパンフレット（図3-6）の作成・配布を行って，新商品に対する地域への浸透を図った．また，関連の会議や試食会が開催される時には本商品を持ち込んでPRに努め，作出魚の生産方式を説明して本商品の安全性に対する理解を得ようとした．また販売・消費者団体関係者との間に問題

三倍体魚の作出方法

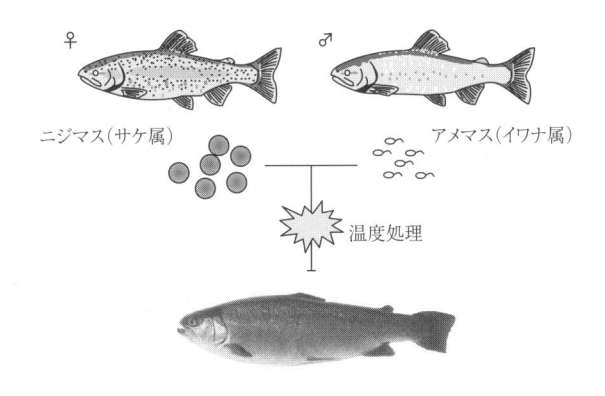

♀ ニジマス（サケ属）　　♂ アメマス（イワナ属）

温度処理

図3-3　作出方法の説明資料

図3-4　試食会での作出方法の説明状況

図 3-5　地域消費者団体の養殖場見学

図 3-6　魚沼美雪ますの販促用ポスター

点や理解不足が生じた場合には，開発技術者自身が直接関係者と対話して食材に対する信頼を得ることに努めた．

地域住民などの不特定多数の消費者に対しては，マスコミやインターネット・県広報誌などを通じて情報発信し，新商品の認知度を高めた．2008年度以降は，南魚沼振興局内の関連機関からも地産地消の安全・安心な地域特産品として認知されるようになり，林業振興課からの「魚沼きのこ」・「魚沼地鶏」・「魚沼美雪ます」をセットにした「魚沼三品」として提案・商品化された．また地産地消の食材として，食育活動にも取り上げられるようになった．

2009年1月には「魚沼美雪ます」で商標登録し，開発技術者と養殖業者団体は肉色がサーモファン[※1]27番以上，魚体重1.5 kg以上であることなど，生産方式・生産地域・種苗の供給方法を限定した内部規定を設けて関係諸団体に通知した．また販売用のステッカー（図3-7）を貼付して「魚沼美雪ます」と他の商

図3-7　魚沼美雪ます認定ステッカー

[※1] サーモファン：DSM社（旧ロシュ社）が提供しているサケ・マス商材の肉色の色調評価として用いるカラーカード（20〜34番）で，番号が進むにつれて赤色度が強いことを示す．また，手軽に短時間に色調の度合いを測定できる手段として利用されている．

品との差別化を図った．

　現在は月間0.5〜1.0トンが魚沼地域の旅館・民宿などの観光・飲食店業界に出荷され，大型魚の刺身食材などとして供給されている．

§5. 技術者の安全管理・情報管理

　技術者倫理を備えた技術者の活動として，今回の活動は安全管理・情報管理の範疇の中で食の安全・安心，情報開示に関するリスクコミュニケーションとして取り上げ実践したものである．一般にリスクコミュニケーションが効果を生むためには　①送り手の要因　②受け手の要因　③メッセージの要因　④媒体の要因を満たす必要がある．本活動での送り手は当初開発技術者であるが，その後の活動が広がると生産者（養殖業者）・農林行政関係者を含めて，送り手が変化してきた経緯があった．また受け手については，当初は生産者・農林行政関係者であったものが，最終的には観光業界・飲食店業界の人々へと変化した．このように送り手・受け手の関係は逐次，変遷することを念頭に置かなくてはならない．そして送り手として必要な要素は受け手に対しての信頼性を得ることが肝要で，それがなければ受け手への享受は得られない．そのためには送り手は受け手との間に，日常の活動を通じて信頼関係を構築して活動することが大切である．さらに受け手が広がるにつれてメッセージをわかりやすい言葉で伝達するとともに，受け手からの質問・疑問に対して，正確な言葉で対応することも必要である．言い換えれば信頼性のある情報交流を行うことでもある．メッセージの内容についても受け手が理解できる言葉で実行し，専門用語を用いることは説明が容易であっても，専門用語は消費者である公衆への理解不足を生む危険性があることから，その使用に当たっては慎重に努めなくてはならない．コミュニケーションツールとしての媒体とは，送り手から受け手に伝える手法であって，新聞・テレビ・広報誌・インターネット・会議でのプレゼンテーションなどがある．どれを用いるかは受け手が不特定多数の場合と，そうでない特定の人々の場合とでは用い方が異なる．どの媒体を用いるかは，基本的に対話形式として考えることによって，個々の場合に対応するべきである．

技術者は新商品を開発するのみならず，販売活動に積極的に参画することによって，消費者との懇談の機会を深め新商品の理解と普及に貢献できる．すなわち，次代の技術者は情報の送り手としても重要な責務を担っている．そのためには自己のコミュニケーション能力を高めるよう継続的に心がけていかなくてはならない．

4章

水産物トレーサビリティシステム導入による漁村地域の活性化

桑原伸司（北日本港湾コンサルタント）
技術士（水産・総合技術監理部門）
APEC Engineer（Civil Engineering）

§1. トレーサビリティシステム導入の背景

1-1 水産物の安全性に関する事件・事故

食品の安全性を脅かす最近10年間の主な事件・事故には，2000年に発生した雪印集団食中毒事件（低脂肪乳による食中毒），2001年BSE（牛海綿状脳症）の確認による肉骨粉の製造・出荷・輸入停止，2007年ミートホープによる豚肉・鶏肉などの混入挽肉販売，船場吉兆偽装事件などがある．一方，水産物分野においても表4-1に示すとおり，同様の事件が相次いで発覚している．これを受け，

表4-1 水産物の偽装などに関わる事件

年	偽装などの内容
2002年	青森県十三湖産シジミに，他産地のシジミが混入
	韓国産カキを宮城県産と偽装
2003年	三重県などで水揚げされたフグを下関ふぐとして販売
	宍道湖産シジミに中国産シジミが混入
2005年	中国，北朝鮮で採取されたアサリを国内産と表示
2007年	台湾産のウナギを宮崎産と偽装
2008年	台湾産ウナギの蒲焼に，国産ブランド認証シール
	中国産ウナギを「愛知県三河一色産」と偽装
	中国産フグを熊本県産と偽装
	沖縄産とフィリピン産の海ぶどうを混ぜ「沖縄産」と偽装
	アブラボウズを高級魚のクエ(アラ)と偽装
2009年	中国産ハマグリを「九十九里浜養殖」等と偽装
2010年	カンパチ，ハマチ等の産地偽装，養殖水産物の表示不正
	中国産ワカメを使用した製品を「鳴門産」と偽装

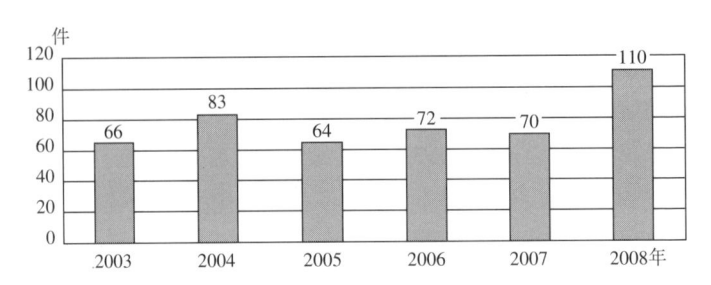

図4-1 JAS法に基づく改善指示件数の推移．(農林水産省)

国ではJAS法に基づき，食品の品質表示を義務付け(1999年改正)しているものの，同法に基づく改善指示件数は近年増加傾向にある(図4-1)．

1-2 水産物偽装の背景

水産物の偽装が後を絶たない理由の1つに，食品表示のわかりにくさと，複数の官庁がそれぞれの法律で取り締まっているという行政上の問題があげられる．食の安全に関する所管官庁は農林水産省と厚生労働省であり，また全体のリスク管理を行う組織として食品安全委員会(内閣府)が置かれている．真珠の偽装に関しては税務署が関与するなど，関係する機関は多岐にわたり，関係法令も食品衛生法・JAS法・不正競争防止法・景表法・食品安全基本法・消費者基本法・刑法などとなっている．

もう1つの理由としては，水産物流通に携わる企業の倫理感の欠如があげられる．これは，行政上の問題よりもさらに根深いものがあり，現在の食品偽装の根幹にあたるものである．これは利益至上主義がもたらす「組織的犯罪」，いわゆる組織ぐるみ犯罪といえるもので，社員が不正と知りつつも内部告発以外には発覚が難しい犯罪である．ではなぜ，このような犯罪が頻発するのか，その実情をさらに掘り下げてみる．

1-3 組織的犯罪はなぜ根絶されないのか

これまでの偽装事件に関わった人は，普段は社会の規範・ルールに則った良識ある人と言われることが多い．そのような人が，なぜ組織人として行動すると偽装犯罪に手を染めてしまうのか．そこには個人と組織の関わり方が大きく

関与している．

　組織の指揮・遂行系統は，組織であるがゆえに，権限と職務が階層化されている．トップから管理職，チームリーダー，現場担当者とそれぞれの階層に応じた命令権と業務遂行義務が定められている．そのため組織の行動原則が利益至上主義に陥ると，重大な不正を引き起こす危険性がある．例えば上司から命令を受けて部下に命令を出す立場にある者は，たとえそれが違法な内容であっても，自分が直接不正を犯すわけではないので心理的負担は軽減される．一方，命令された部下は，上司の指示で行動しているという免罪意識が働き，違法な行動を受諾してしまう．利益至上主義を発端に，組織の階層化による罪の意識の分断化が不正を引き起こすとともに，組織内で不正を共有し外部には漏れないという隠匿性が不正を継続させるのである．そのため，ひとたび不正が明らかになると，組織内で責任の擦り合いが起き，関係者は自身の保身に躍起となるが，組織の社会的信用は大きく失墜し取り返しのつかない事態へと発展していく．信用回復までの労力を考えると，不正行為で得た利益をも上回る場合がほとんどで，組織として利益誘導の最善策は，日常からの組織内コンプライアンスの浸透と実践であると認識すべきである．

1-4　水産物偽装を防ぐために

　上記のような偽装要因が改善されないなか，トレーサビリティシステムの導入は偽装防止に大きく役立つ手段である．システムの導入には偽装防止に向けて関係者の団結と協力が必要となるが，自ら扱う水産物は自分たちで守るという取り組みが，安全で安心な水産物の供給と，市場における価値を向上させるのである．

1-5　水産部門技術士の安全で安心な水産物供給への取り組み

　これらの情勢を背景に，水産部門の技術士が中心となり 2006 年に「NPO 法人水産物トレーサビリティ研究会」を立ち上げ，トレーサビリティの普及に努めている．ここでは安全安心な水産物の供給体制を確保し，漁協が中心となって地域活性化に取り組んでいる 2 地域の事例を報告する．また単なる流通履歴情報の開示ではなく，地域振興に寄与するトレーサビリティのあり方についても言及する．

§2. トレーサビリティシステム

2-1 開発の経緯

食品の安全性確保のため,2003年には牛肉のトレーサビリティ制度が導入された.水産物についてもトレーサビリティ導入の機運が高まり,ICタグを媒体とした実証試験が進められた.しかし,①ICタグは高価,②記録・読込みに専用機器が必要,③水産物の多様な荷姿(鮮魚・冷凍・切身・加工など)への対応の難しさなどの理由から普及が進まなかった.そこで筆者らは,QRコードと携帯電話を用いた基本システムを2003年に開発し実用化した.

2-2 青森県十三漁業協同組合の場合

1) 導入の目的

青森県十三湖は,青森県の北西部,日本海側に位置する最大水深約3m,面積約18 km^2 の汽水湖である(図4-2).十三湖産ヤマトシジミで知られる当漁協では,図4-3のような産地表示シールを貼付して偽装防止に取り組んでいたものの,シールの使い回しや産地外物の混入などが生じ,この方法によるトレーサビリティには限界があった.そのため共販制度の導入などで結束を強めていた当組合では,組合員の総意のもと,偽装防止や生産者情報を直接消費者へ伝えること(情報の直販)を目的に,QRコードラベルを使用するシステムを2005年10月に導入した.

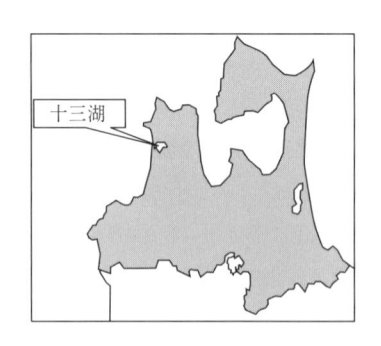

図4-2 青森県十三湖

図 4-3　過去に使われていた偽装防止シール

2）システムの概要

2003 年に開発したシステムをベースに，流通段階での手間と経費を可能な限り抑えることを基本思想に導入した本システム（図 4-4；2010 年 9 月末時点　特許申請中）は，

①所定重量に比例してラベルを発行（10 kg に 20〜50 枚程度），

②QR コードには Web サーバーの URL（生産者・規格を識別する情報を含む）が記載される，

③仲買が落札した時点で QR コードが有効になる，

④流通過程で小分けされる際は重量に応じてラベルを分配する（最終的には梱包パックにラベルを貼付），

⑤生産・販売情報はサーバーに保管され，消費者は携帯電話を通じて情報にアクセスする，

⑥流通履歴は仲買業者の記録のみ，という特徴をもつ簡便なシステムである．

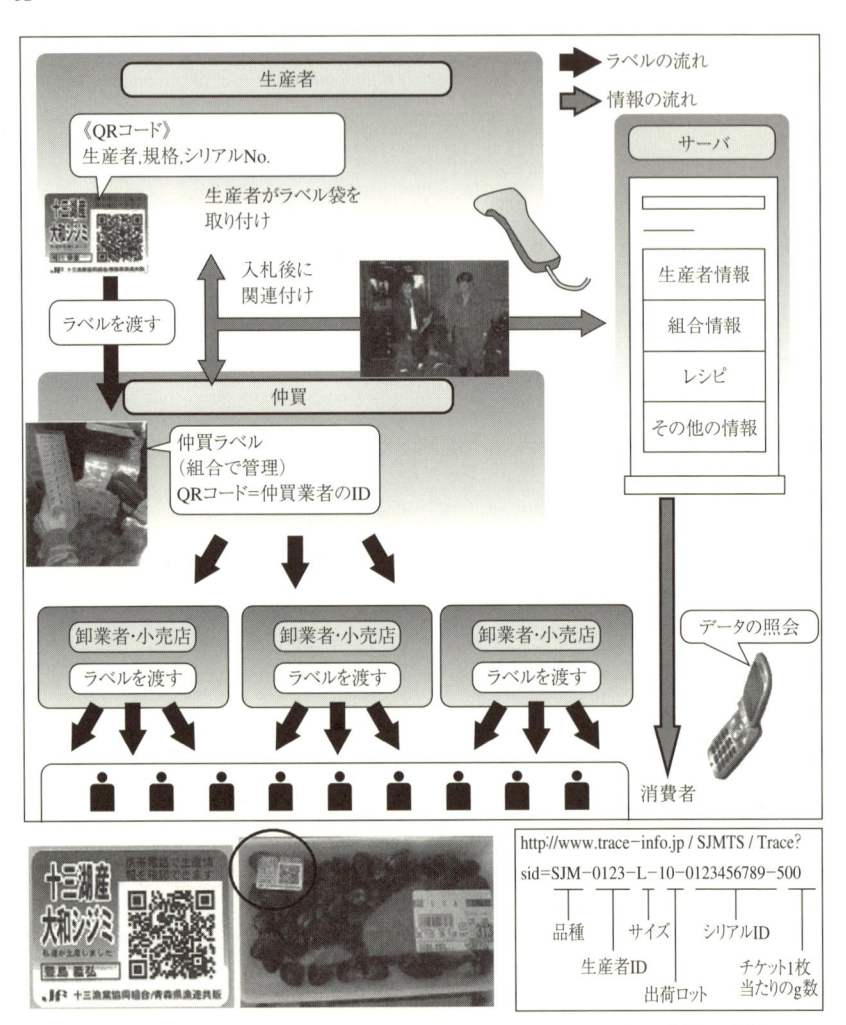

図4-4 十三漁協のシステム図

2-3　北海道北るもい漁協天塩支所の場合

1）導入の目的

道北日本海側に位置する天塩町（図4-5）は，四季を通じて豊富な水産物の水揚げを誇る町である．しかし近年の資源減少や魚価の低迷から漁業経営は厳しく，付加価値の向上が望まれていた．その中で天塩産シジミは，味覚やサイズは全国トップレベルにあるものの，出荷量の少なさや漁期の関係から一般消費者には知名度が低い状況にあった．そこで安全・安心への取組みをアピールし，知名度を向上するため，2008年にトレーサビリティシステムを導入した．

2）システムの概要

対象としたのは販売期間が限られる活シジミではなく，それを原料に天塩支所が通年で販売する「真空パックシジミ」である．

加工・販売の手順は，「生産者が支所へ出荷」→「洗浄・選別」→「パック加工」→「支所で冷蔵保存」→「流通業者・販売店」→「消費者」という経路をとる．

真空パック加工品は流通過程で小分け作業を行わず異物の混入もないことを踏まえ，十三漁協のシステムをさらに簡便化して対応した．

導入したシステムは，①QRコード（図4-6）の情報はWebサーバーのURLと個体識別用の通し番号のみ，②加工時にラベルを貼るので流通段階で付加的作業は生じない，③商品の情報提供を主目的とするので詳細な生産流通履歴の情報は含まれない，という特徴を有している．

天塩のシステムの概要を図4-7に示す．このシステムで提供する情報は，携帯版では「最新ニュース」「レシピ」「加工日・消費期限」という最小限の情報にとどめ，パソコン版ではそれに加え「地域の紹介」「人物紹介」「浜日記」「旬カレンダー」など多彩な地域情報を提供している．

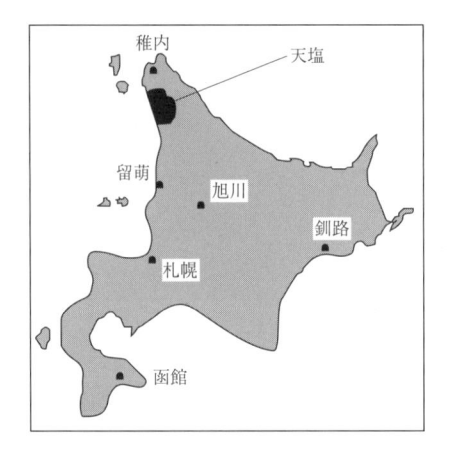

図4-5　北海道天塩町

図4-6　天塩産しじみのラベル

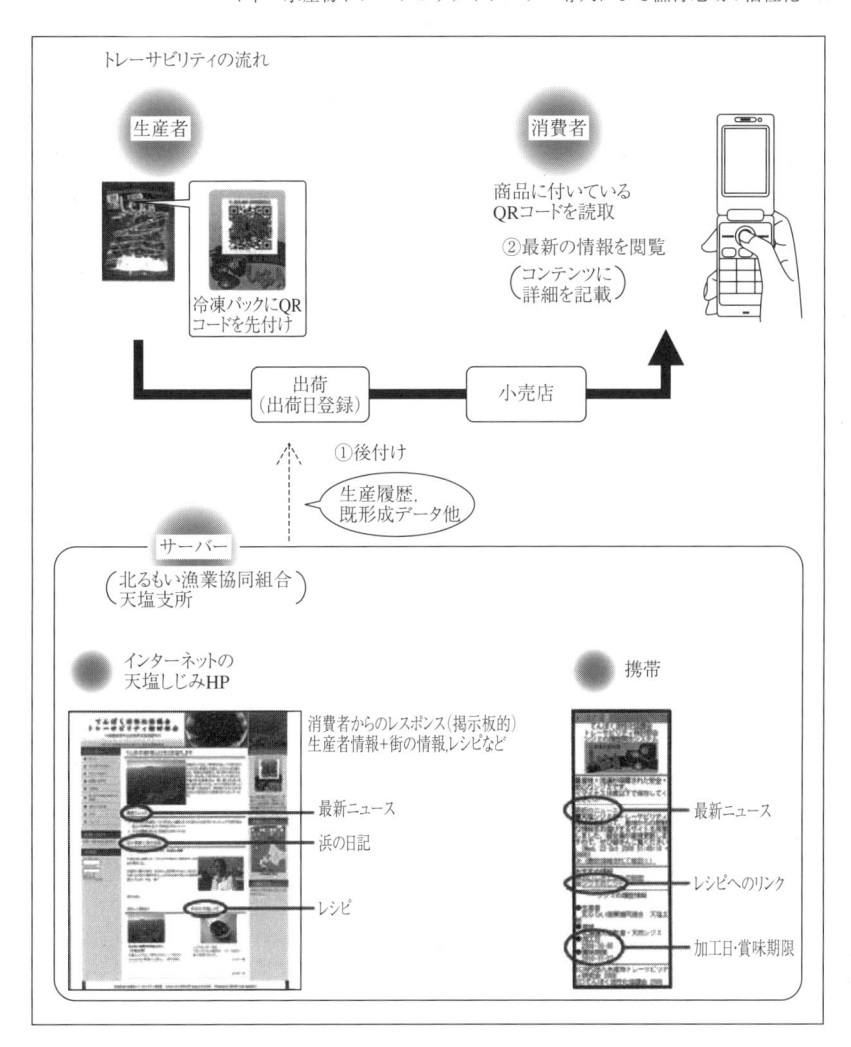

図 4-7　天塩支所のシステム図

§3. 普及・PRのための活動

3-1 普及・PR活動の意義

　トレーサビリティシステムはいかに優れた機能や詳細な情報を有していても，システムが十分活用されなければ全く意味をもたない．これまで水産物トレーサビリティシステムは数多くあるものの，それらが一般的に普及していない理由として，生産・販売側からは「経費や手間をかけてまで導入するメリット（付加価値）がない」という意見が多い．また2005年に函館市の量販店で消費者に行ったアンケート調査（図4-8）では，購入の判断基準として「鮮度」や「生産地」が他の項目よりも重視されていた．2008年に札幌市の量販店で行ったアンケート調査（回答数92）では，「トレーサビリティという言葉を知っているか？」との問に対し，約70％が「知らない」，約15％が「聞いたことはあるが意味は知らない」と答えており，トレーサビリティに対する認知度・期待度は高くはないのが現状である．

　一般的に食品の「安全」とは定量的な情報の開示（トレーサビリティ含む）であり，「安心」とは消費者自身の判断（経験や見た目）と言われている．アンケート結果に従えば，消費者は自身の判断（安心）を重視し，情報（安全）には頼っ

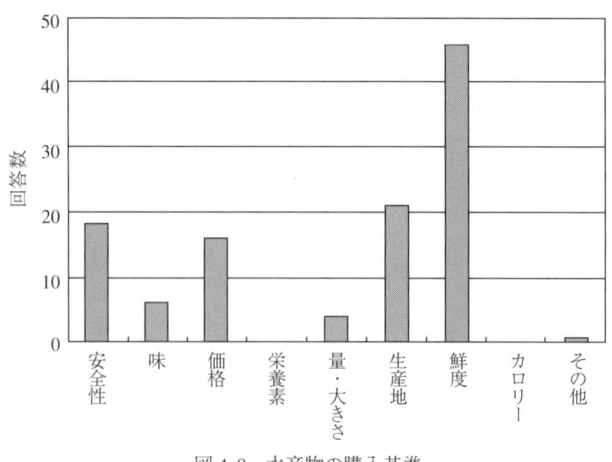

図4-8　水産物の購入基準

ていないか，偽装事件などにより情報を信用していないと考えられる．そのため今後は，トレーサビリティの積極的導入によって，消費者に対しては信頼度の高い情報を開示し，生産・販売側に対しては導入による付加価値向上を促す方策を提案していくことが必要である．

3-2 PR活動の実践

そのためトレーサビリティシステムを導入した2地域では，様々な機会を活用しPR活動を展開した（図4-9）．主な活動は，スーパー店頭などでのシステムの説明会や，学校での食育活動，都市住民との交流会である．十三漁業協同組合で特に成果をあげた活動は，函館市消費者協会との意見交換と，都市住民と

都市住民との交流事業
・東京都中野区立谷戸小学校の関係者を地元に招聘し，交流事業を実施．
意見交換会の開催と，ヤマトシジミ漁を体験してもらった．

意見交換会の様子

マリン・エコラベル

ヤマトシジミ漁の体験の様子

図4-9 十三漁協のPR活動

の交流会である．消費者協会との意見交換会の結果，消費者協会側から販売店側にトレーサビリティを実施しているシジミ販売を求める要望が伝えられ，新たな販路拡大に繋げることができた．また都市住民との交流会では，参加した小学校のPTA並びに栄養士の方々へPRするとともに，学校給食側から見た食材提供のあり方について意見を頂き，新たな需要を開拓できた．現在ではトレーサビリティシステムに加え，2009年5月に水産資源と海にやさしい漁業に対し認定されるマリン・エコラベル・ジャパン認証（大日本水産会）も受け，ゆうパックを利用した直販にも取り組んでいる．

　一方，天塩支所においても，積極的なPR活動を行い，特に学校給食食材の提供や食育で成果をあげている．その背景には，生産者側は余剰水産物の値崩れに苦慮していた一方，学校側では日常的にコストや安全性が優先され，食材の産地情報（漁期・漁法・調理方法・観光資源など）が不足していたことがある．そのためトレーサビリティシステムのPRを契機に両者をマッチングさせ，①生産者

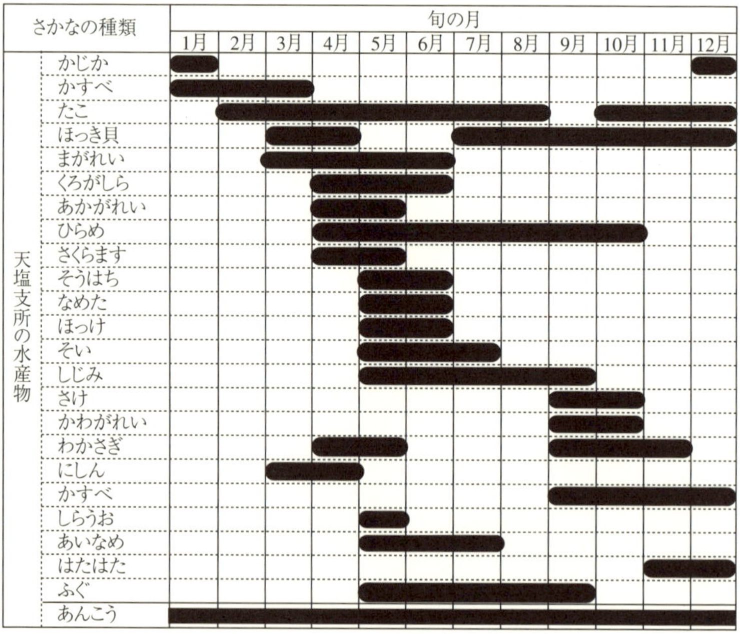

図4-10　天塩町　旬のカレンダー

側は付加価値向上・雇用機会の増加，②学校側は旬の魚情報（図4-10：旬のカレンダー）や調理方法の入手・調理に適した荷姿での納品，など双方にメリットをもたらすことができた（図4-11）．これらトレーサビリティを機軸とした安全安心や資源確保の取り組みは，生産者のみならず漁業地域全体への活性化に大きく寄与している．

・2009年
　① 2月26日中野区立谷戸小学校
　② 10月17日港区立御田小学校
　③ 11月 8 日中野区立谷戸小学校

中野区谷戸小学校でのサンプル提供
（左：チカ，右：カレイ）

【サンプル提供の結果】チカは美味しいが中身が硬いため唐揚げにして丸ごと食べるには向いていない．砂カレイ100ｇ程度のものを唐揚げにして給食に出すこととした．

・2010年
　④11月12日港区立青南小学校

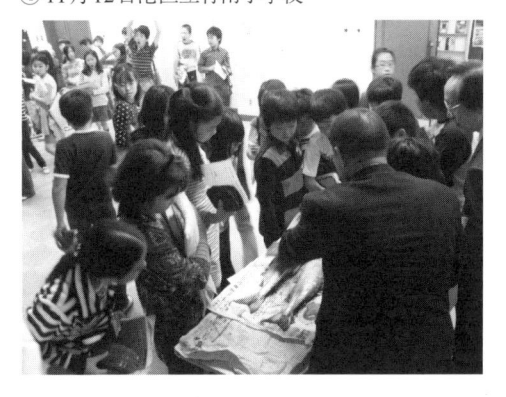

図4-11　PR活動の一例（北るもい漁協天塩支所）

§4. おわりに

　水産物の安全・安心に関する事件・事故の要因の多くは，生産から流通に関わる企業・団体のコンプライアンス意識の欠如に由来するものが多い．これを防ぐため，各組織内の規範，指針，ガイドラインなどの整備および内部統制システムの確立を図る必要があるのは当然のことである．一方，それら問題を防止する手段としてトレーサビリティシステムの導入が図られてきたが，システム導入の経費や手間を販売価格に転嫁できないなどの問題から，その機能の発揮や普及に至っていないのが現状である．

　2つの漁協の取り組みでは，トレーサビリティが単なる流通管理の手段ではなく，それを「きっかけ」に販路拡大・付加価値向上などを実現し，地域の活性化を推進することができた．これら事例が示唆するのは，①費用や手間のかかる高度なシステムではなく簡易なシステムからスタートし，②生産者の安全・安心への取り組みをPRする，③水産物の知名度向上や販路拡大による地域振興を図っていく，④効果を実現しながらシステムの高度化を図る，といった段階的な取り組みが必要ということではないだろうか．すなわちトレーサビリティを導入すればすべての問題が一気に解決するのではなく，それはあくまで「道具」を手に入れたに過ぎない．その後の地道な継続的活動なしに成功はありえないのである．

　またそれを実現するため我々技術士がなすべきことは，単に技術を提供するのではなく，地域の実情や要望を十分に把握し，それに応える業種を越えた情報収集や関係者のマッチングも視野に入れて業務を遂行することにある．思えば昔の八百屋さんの中には，毎日家庭を巡回する「御用聞き」たる人物が存在した．技術立国と叫ばれて久しいわが国において，豊富な個別技術が十分活用されていない現状をみるにつけ，我々技術者・研究者が地域に根ざした「御用聞き」となることも，今後あるべき姿のひとつではないだろうか（図4-12）．

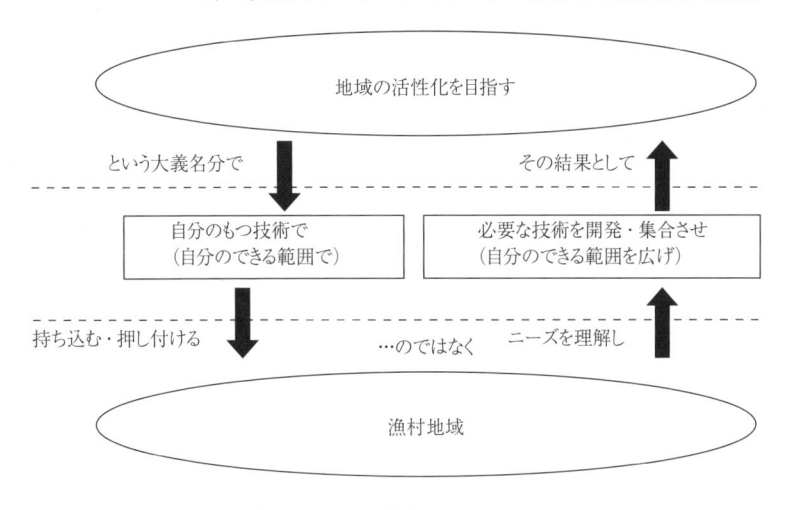

```
          ┌─────────────────────┐
          │  地域の活性化を目指す  │
          └─────────────────────┘
   という大義名分で ↓        その結果として ↑
- - - - - - - - - - - - - - - - - - - - - - - -
   ┌──────────────┐      ┌──────────────────┐
   │ 自分のもつ技術で │      │ 必要な技術を開発・集合させ │
   │(自分のできる範囲で)│      │(自分のできる範囲を広げ) │
   └──────────────┘      └──────────────────┘
- - - ↓ - - - - - - - - - - - - - ↑ - - - - -
持ち込む・押し付ける   …のではなく   ニーズを理解し
          ┌─────────────────────┐
          │       漁村地域       │
          └─────────────────────┘
```

図 4-12　水産部門技術士の役割

文　献

1) 桑原伸司：水産物トレーサビリティ導入による漁村地域の活性化，第 36 回技術士全国大会資料 pp.35〜37，㈳日本技術士会，2009．

2) 水産庁：平成 20 年度水産白書，p.313．

5章

技術者はHACCPを正しく理解しよう

西川研次郎（西川技術士事務所）
技術士（水産・総合技術監理部門）

§1. はじめに

　HACCPという用語は今では食品業界のほとんどの人が知っている．筆者は，1997年から今日まで，（社）大日本水産会のHACCP講習会をはじめいろいろなHACCP講習会の講師を担当し，また，多くの工場の現場でHACCPの導入指導を行ってきた．その中で，食品業界には，HACCPに対する誤解が多く存在していることを見聞きするにつけ，なんとかして誤解を正さなければならないと常に思ってきた．日本のHACCPが世界に通じるためには，誤解を是正し，HACCPの正しい理解を普及することが必要である．普及には，まず技術者がHACCPを正しく理解することが大切なので，ここでは一部であるが，わが国のHACCPに氾濫する誤解を指摘し，正しいHACCPとは何かについて述べる．

§2. HACCPとは

　HACCPは食品の安全性を保証する衛生管理の手法として，最も優れていると国際的に認められている手法である．HACCPは米国で開発され米国で体系化されたが，国際的に認められるようになってからは，国連のCodex委員会（Codex Alimentarius Commission）で一元的に取り扱われている．
　CodexのHACCPには，HACCPの導入のための5つの準備段階と7つの原則を合わせた12の手順（表5-1）が定められている．

表5-1 HACCPの12の手順

1. HACCPチームを編成する(準備段階1)
2. 製品について記述する(準備段階2)
3. 意図する用途を特定する(準備段階3)
4. 製造工程図を作成する(準備段階4)
5. 製造工程図を現場で確認する(準備段階5)
6. 危害要因分析(HA)を行う(原則1)
7. 必須管理点(CCPs)を決定する(原則2)
8. 許容限界(Critical Limit : CL)を設定する(原則3)
9. 必須管理点のコントロールをモニターするシステムを設定する(原則4)
10. 特定の必須管理点で許容限界を逸脱したときに取る是正措置を設定する(原則5)
11. HACCPシステムの検証手順を設定する(原則6)
12. 記録の付け方と保管の手順を設定する(原則7)

HACCPはHazard Analysis and Critical Control Pointsの頭字語で,わが国では一般に,「危害分析及び重要管理点」と訳されているが,この訳語は決して適切とは言えず,「危害要因分析及び必須管理点」と訳すのがはるかに適切である.なぜなら,Hazardは危害(人が病気になったり怪我をしたりすること)そのものではなく,危害を引き起こす原因となるものであり,また,Criticalには"重要"よりもはるかに厳しい"危機的"という意味があるからである.

§3. HACCPの経緯

3-1 米国におけるHACCPの発祥とその後の進展[1]

1957年10月4日,ソ連は世界最初の無人人工衛星スプートニク1号の打ち上げに成功した.この成功は米国を宇宙開発競争に駆り立て,その役目を担って1958年7月29日アメリカ航空宇宙局(the National Aeronautics and Space Administration, NASA)が設立された.NASAの最大の使命は有人宇宙飛行を成功させることであったが,その宇宙飛行士用の食料開発プロジェクトに,ボウマン博士をリーダーとするピルスベリー社が,1959年にNASAの要請により参加したのが米国のHACCPのスタートであった.

宇宙飛行士用の食料開発におけるNASAの要求事項のうちで最も困難な問題

は，宇宙船内の宇宙飛行士が病気を発症しないために，宇宙飛行士用の食品は病原体で汚染されていないことを100％に限りなく近く保証することであった．

ボウマン博士らは，当時の品質管理で使用されていた最終製品の抜取検査の手法では，この問題を解決できないことに気づいた．それは，宇宙飛行士用食品としての合格の判定を下すためには，膨大な数の食品の破壊検査が必要となるので，結果として，宇宙飛行士用に向けられる食品がほとんど残らないことになるからである．ボウマン博士らは検討を重ねた結果，安全を保障する唯一の方法は，原料受入から最終製品出荷までの一連の製造工程における病原体汚染を，工程の非破壊的コントロールにより無くすことであるとの結論に達し，HACCPの考え方を創出した．

この宇宙飛行士用の食品の安全性確保のために開発されたHACCPの手法が，陸上の食品の安全性確保のために応用されることになったのは1970年代に入ってからである．その契機は1971年夏の缶詰を原因食品とするボツリヌス食中毒の発生であった．この発生により，米国の缶詰会社の衛生管理が不適切な状態にあることが明らかになったので，FDA（保健福祉省食品医薬品局）は，ピルスベリー社に，FDAの検査官16人に対するHACCP手法の訓練を要請した．この訓練の成果としてFDAは，HACCPの考え方を導入した「低酸性缶詰食品規則」（規則の中にはHACCPの5文字は出てこないが）を1973年に公布した．この規則の遵守により缶詰の安全性は飛躍的に向上したので，缶詰会社は米国民の信頼を取り戻した．

1973年当時のHACCPの原則は，「危害要因分析の実施」，「必須管理点の決定」，「モニタリング」の3原則のみであった．その後HACCPの考え方が浸透していく過程で「許容限界の設定」と「是正措置の設定」の2原則が追加され，更に，米国科学アカデミーの勧告で設立されたNACMCF（米国食品微生物基準諮問委員会）により，1989年に「検証」と「記録」の2つが追加されて7原則となった．HACCPがここまで進化するのに30年の月日を要した．

1990年代に入って，食品の安全性をHACCPで守るために，米国政府は食品に対するHACCPの義務化を始め，現在までに，FDA管掌の「水産食品HACCP規則」および「ジュースHACCP規則」，FSIS（農務省食品安全検査局）管掌の「食肉・食鳥肉HACCP規則」の3規則が義務化されている．

3-2 CodexのHACCP

Codex は 1993 年に GUIDELINES FOR THE APPLICATION OF THE HAZARD ANALYSIS AND CRITICAL CONTROL POINT (HACCP) SYSTEM を発行した．この中に，表5-1に示した12手順が記載されている．このガイドラインはその後，1997年と2003年に改訂されて現在に至っている．

3-3 わが国の制度
1）総合衛生管理製造過程に関する承認制度

国際的なHACCPの普及の波の中で，わが国においても1991～1992年頃から，HACCPの用語が頻繁に聞かれるようになった．そのような情勢の中で，1995年に食品衛生法の中に第7条の3（当時，現在は第13条）としてHACCPの考え方を取り入れた総合衛生管理製造過程に関する承認制度が創設された．

第13条第1項（抜粋）には次のように記述されている．

「厚生労働大臣は，製造又は加工の方法の基準が定められた食品であって政令で定めるものにつき，総合衛生管理製造過程（製造又は加工の方法及びその衛生管理の方法につき食品衛生上の危害の発生を防止するための措置が総合的に講じられた製造又は加工の過程をいう．）を経てこれを製造し，又は加工しようとする者から申請があつたときは，製造し，又は加工しようとする食品の種類及び製造又は加工の施設ごとに，その総合衛生管理製造過程を経て製造し，又は加工することについての承認を与えることができる．」

なお，政令で定める食品は，食品衛生法施行令第1条に示す，①乳，②乳製品，③清涼飲料水，④食肉製品，⑤魚肉練り製品，⑥容器包装詰加圧加熱殺菌食品の6食品である．

この制度は任意の制度で，上記6食品を製造・加工する施設の中で，承認を取得したいと思う施設があれば承認申請を行い，審査を受けて合格すれば承認を貰えるというものである．この制度のポイントは，製造基準が定められている食品から6食品が選ばれていることである．これらの6食品は，通常は法に規定する製造基準を遵守して製造しなければならないが，承認を受けた施設では，法に規定する製造基準に適合しない製造方法による食品の製造・加工が可能となるという，規制の弾力化の制度である．これについて，厚生労働省の加地監

表5-2　総合衛生管理製造過程による承認施設数

	施設数	件数
乳	157	228
乳製品	162	235
食肉製品	68	120
魚肉練り製品	24	32
容器包装詰加圧加熱殺菌食品	24	26
清涼飲料水	122	172
合計	557	813

視安全課長は次のように述べている[2].「わが国のHACCPの導入は諸外国とは少し違う目的をもっていた.それをひとことで言えば,規制の弾力化である」,「近年の製造・加工技術や衛生管理の高度化に対応するため,新たに厚生労働大臣の個別食品の承認制度を設けて,規制の弾力化を図って多様な食品の製造・加工を可能にしようとしたのが総合衛生管理製造過程承認制度であり,基準と同等の衛生水準を担保するのがHACCPである」

2010年10月1日現在の総合衛生管理製造過程の承認数は表5-2のようである.

2) 食品の製造過程の管理の高度化に関する臨時措置法

この法律は,HACCP手法の導入を推進するため,必要となる施設整備に対する長期低利融資等の措置を講ずるものである.この法律は,1998年5月(1998年7月1日施行)に5年間の時限法として制定され,2003年6月に5年間延長する改正法が公布(2003年7月1日施行)され,更に,2008年6月に法の適用期限が更に5年間延長された(2008年7月1日施行).

§4. HACCPに対する一般的な誤解

4-1 「HACCPは高度な衛生管理手法なので複雑で,設備に金がかかる」という誤解

HACCPは複雑で,設備に金がかかるので,人的・金銭的資源の乏しい中小企業では実施は困難という誤解が,日本の中小企業には未だに根強く存在している.たしかに,3-1で述べたように,HACCPは1960年代に米国で宇宙飛行士用の

食料を製造する手法として開発されたものであるため,「高度な衛生管理手法で複雑」と誤解されるのも無理もないことかもしれない．しかし現在,一般の食品製造において,食品の安全性を保証するために使用する HACCP は,食品製造に携わる専門家であれば,常識として普通に行う衛生管理の手法である．それは決して高度なものではないし,また,難しいものではなく,日常の製造作業の中で普通に実施できるものなのである．

世の中の食品工場には,製造者自身には HACCP を実施しているという意識がなくても,実は HACCP を実施している工場が沢山ある．だからこそ,世の中に一般に流通している食品が基本的に安全なのである．

確かに食品に関する予備知識の少ない人が,HACCP の 7 原則の理解に正面から取り組むと難しいと感じるかもしれないが,長年食品製造に携わってきた人は,自らの経験の中で,食品の安全性に関する常識とノウハウを備えている．その常識とノウハウをもとに製造されている食品の製造工程を HACCP の 7 原則に照らし合わせてみると,そこには必ず CCP が決定され,CL が設定されていて,HACCP が実施されているのである．

4-2 「HACCP 以前は,最終製品の抜取検査で食品の安全性を確認して出荷していた」という誤解

HACCP と従来の衛生管理との違いをきわだたせるためであろうか,市販の HACCP の解説書には上記のような記述をしている書籍が多い．しかし,HACCP 以前の実際の工場現場では,食品の安全性を抜取検査で確認して出荷していたのではない．守るべき製造基準をきちんと守って出荷していたのである．食品衛生法でも必要な食品に対しては以前から製造基準を定めている．

抜取検査で安全性を確認するという話は,納入された製品の安全性を購入者の手で確認しようとすれば,抜取検査で行うことになるということであって,納入者が抜取検査で製品の安全性を保証して納入するということではない．

筆者は 50 年以上昔の 1956 年に,カムチャッカ半島西海岸沖のオホーツク海で操業した蟹工船洋光丸に乗船し,タラバ蟹缶詰を半年間に約 500 万缶製造した経験がある．製造したタラバ蟹缶詰はほとんどが欧米に輸出されたが,食中毒は 1 件も発生しなかった．

図5-1 蟹工船 洋光丸（5,764トン）（1956年函館港）（日本水産(株) 提供）

　この製造に際しては，抜取検査で製品の安全性を確かめて最終製品の合否を決めていたのではなく，予め決められた巻締寸法と殺菌条件を着実に守って製造していたのである．当時はHACCPの考えは世の中に存在していなかったが，今思えばHACCPの考え方に則っていたのである．製造における具体的な巻締寸法と殺菌条件は，大正後期から太平洋戦争前まで盛んであった蟹工船事業において確立されたものであった．現時点で改めてHACCPの原則に照らし合わせて検証してみると，巻締と殺菌の工程はCCPにあたり，巻締と殺菌の条件数値はCLを的確に捉えて設定されていた．つまりHACCPの考え方は，既に蟹工船の昔から行われてきたものである．

4-3 「HACCPは認証を取るものである」と誤解している人が沢山いる

　誤解の原因には，総合衛生管理製造過程に関する承認制度の存在，納入先からの製造者への認証取得要請などがあろうが，厚生労働省も言っているように，本来，HACCPは自主管理のものであるから，HACCPには施設の認証の取得は不要なのである．
　ただ現実には，認証を取ることが従業員のHACCP取り組みへの励みになるので，HACCPの普及に役立っている面がある．その点では認証にも意味がある

ことになる．

§5．総合衛生管理製造過程の承認制度に対する誤解

5-1 「総合衛生管理製造過程の承認制度が日本の HACCP の制度である」という誤解

　食品業界が，総合衛生管理製造過程の承認制度を HACCP の制度と誤解したことが，わが国の HACCP を混乱させている最大の要因である．Codex の HACCP の 12 手順は取り入れられているものの，総合衛生管理製造過程の承認制度は規制の弾力化の制度であって，HACCP の制度ではない．しかし，日本型 HACCP であるとする誤解が当初から一般化し，現在も多くの人がそのように誤解している．

　そもそも食品衛生法で製造基準を定めているのは，その食品の安全性を保証するために必要だからである．しかるに規制の弾力化とは，総合衛生管理製造過程の承認を受ければ法で定めた製造基準を守らなくても良いとすることであるから，承認を取得するためには，改めて製造基準を守らなくても安全であることを保証する確固たる証明が必要となる．その証明には，企業は多くの労力，資金，および時間をかけて研究しなければならないことが多い．したがって企業としては，総合衛生管理製造過程の申請においては，そのような面倒な研究を行うよりも，法で定められた製造基準を許容限界（原則3）の設定に適用する方がずっと易しいから，製造基準を適用して申請することになる．前記の表 5-2 に示す 813 件のうち製造基準の弾力的な適用に該当する食品は現在もわずか1件にすぎないのが実態である．残りの 812 件は，すべて既存の製造基準の範囲内で製造されているものであって，本来，厚生労働大臣の承認を必要としない食品なのである．このように現状の承認状況は当初の総合衛生管理製造過程制度導入の立法主旨とは異なる状況にある．また，HACCP 自体は自主管理であって，そもそも国が承認を与える性質のものではないので，国が承認を与える総合衛生管理製造過程は HACCP そのものとは別物なのである．[2]

5-2 「総合衛生管理製造過程の総括表が HACCP プラン」という誤解

総合衛生管理製造過程が日本の HACCP であるとの間違った認識が広がったため，わが国では未だに Codex とは異なる HACCP の解釈が存在している．

最も困るのは，「全ての工程に HACCP の 7 原則を適用した総括表が HACCP プランである」という HACCP の解説書が沢山存在することである．総合衛生管理製造過程の申請の際に，全ての工程に 7 原則を適用した総括表の提出が要求される．しかし，この総括表という用語は，Codex の HACCP ガイドラインの中にも，総合衛生管理製造過程の規則の中にも存在しない．

総括表は，審査員の審査をやり易くするための単なる整理表に過ぎず HACCP の要件ではないのに，わが国には総括表が HACCP プランであるとする HACCP の解説書が氾濫しているのは困ったことである．HACCP プランとは CCP に 7 原則を適用したものであるから，総括表は HACCP プランではないことは明らかである．

5-3 「モニタリングは連続でなければならない」という誤解

わが国には，連続モニタリングできない工程は CCP にならないと書いてある HACCP の解説書が存在している．例えば，缶詰の製造において，巻締工程は連続モニタリングができないので CCP にはならないとしているものがある．巻締工程は，完全な密封により安全性を保証するために必須の工程であるにも拘らず，である．

Codex のガイドラインには，「モニタリングが連続的でない場合は，モニタリングの量または頻度は，CCP がコントロール下にあることを保証するのに十分でなければならない」と記述されている．また，食品衛生法施行規則第 13 条の総合衛生管理製造過程に関する基準には，「実施状況の連続的な又は相当の頻度の確認を必要とするものを定めること．」と書かれている．このことから明らかなように，CCP のモニタリングには連続的と間欠的の両方の場合がある．

5-4 腐敗微生物は危害要因であろうか

食品衛生法施行規則第 13 条の別表 2 に，総合衛生管理製造過程の該当食品毎に危害の原因物質が記されている．例えば，容器包装詰加圧加熱殺菌食品の危害

の原因物質は表 5-3 のようである．16 番目に腐敗微生物が記載されているが，果たして腐敗微生物は危害の原因となる物質であろうか．

どの微生物も食品を腐敗させるから，腐敗微生物を危害の原因物質とすると全ての微生物を殺す必要があるが，食品衛生法の製造基準で定められた殺菌条件で，容器包装詰加圧加熱殺菌食品を殺菌しても全ての微生物を死滅させることはできず，耐熱性高温菌（例えば，*Geobacillus stearothermophilus*）は生き残ることがある．もし，この菌が生残った缶詰が保管中に高温環境下におかれるとフラットサワーが発生することがある．しかし，この菌は病原菌ではないので食中毒は発生しない．

HACCP がコントロールの対象とする微生物は，食中毒を引き起こす病原微生物であって，健康被害をもたらさない微生物は対象としないので，腐敗微生物は HACCP の危害要因には入らないと考える．

表 5-3　容器包装詰加圧加熱殺菌食品の危害原因物質

1. アフラトキシン
2. 異物
3. 黄色ブドウ球菌
4. クロストリジウム属菌
5. 下痢性又は麻痺性の貝毒
6. 抗菌性物質
7. 抗生物質
8. 殺菌剤
9. 重金属及びその化合物
10. セレウス菌
11. 洗浄剤
12. 添加物
13. 内寄生虫用剤の成分である物質
14. 農薬の成分である物質
15. ヒスタミン
16. 腐敗微生物
17. ホルモン剤の成分である物質

§6. 雪印乳業(株)大阪工場の食中毒事件はHACCPでは防げなかったのか[3]

2000年の雪印乳業(株)大阪工場が製造した低脂肪乳などを原因食品とする食中毒は，原料の一部に使用した同社大樹工場製造の脱脂粉乳に黄色ブドウ球菌の毒素が混入していたためであった．

大樹工場では，問題の脱脂粉乳が製造された日に停電により製造工程がストップし，原乳が黄色ブドウ球菌の増殖に適した温度環境に長時間滞留した結果，黄色ブドウ球菌が増殖し毒素が産生された．黄色ブドウ球菌自体はその後の加熱工程で死滅したものの，毒素は通常の加熱条件では分解されないので，製造された脱脂粉乳にそのまま残って出荷された．大阪工場ではこの脱脂粉乳を原料として使用したので，製造した加工乳などに毒素が移行した．

大樹工場が黄色ブドウ球菌の毒素の性状をよく理解していないまま製造したことに根本原因があったことは明白であるが，大阪工場はなす術はなかったのかといえばそうではない．大阪工場がHACCPを正しく実施していれば，この事故は発生しなかった可能性は十分あったと思う．

HACCPの中で最も大切な原則は，第1原則の危害要因分析である．この危害要因分析を失敗すると，後の原則をいくら丁寧に実施しても意味がなくなる．大阪工場では受入原料の危害要因分析が十分に行われなかったと考えられる．それは，もし，大阪工場が危害要因分析を正しく実施していたならば，たとえ大樹工場の出荷した脱脂粉乳に黄色ブドウ球菌の毒素が混入していたとしても，入荷した脱脂粉乳に黄色ブドウ球菌毒素が混入していることを使用前に発見する可能性が十分あり，発見していれば当然その脱脂粉乳を使用しなかったから食中毒は発生しなかったのである．大阪工場は総合衛生管理製造過程の承認取得工場であったが，HACCPが形骸化していて，HACCPを正しく実施していなかったと指摘せざるを得ない．

大阪工場が総合衛生管理製造過程の承認を取得していたことから，HACCPの有効性を疑問視する論評が当時マスコミに登場した．今でもHACCPは役に立たないと誤解している人がいるが，それはHACCPを正しく理解していない人

の誤解である．逆にこの誤解は，HACCPを正しく理解することの大切さを示している．

§7. HACCPと技術者倫理

　以上述べたように，わが国の食品業界にはHACCPに対する誤解が沢山存在する．この誤解がHACCPの普及を妨げている．

　最大の誤解を生じている総合衛生管理製造過程も，食品衛生法の記述をよく読めば，総合衛生管理製造過程の立法主旨を知ることができ，それがCodexのHACCPとは異なるものであることを認識できるので，誤解は本来おこらなかったはずである．また，総合衛生管理製造過程についての誤解がわが国に存在している大きな理由は，食品関係の専門家が自身の著作の中で，他人の記述内容を確かめないまま引用しているからであると思う．間違っていても，予備知識の少ない読者は，疑うことなくその記述を信用してしまうのである．

　雪印乳業の食中毒事件は，毒素入り脱脂粉乳を製造した大樹工場の担当者が食品衛生法違反の責任を問われて決着したが，大阪工場の担当者が正しくHACCPを理解して，HACCPを正しく実施していたら事故は防げた可能性があることから，技術者倫理の観点から考えると，大阪工場の担当者が期待された責任を果たしていたら，事故は発生していなかったのではないかと思う．

　ある書籍に，「この雪印乳業の食中毒事件が起きた原因の一つは，HACCPは工場段階での制度であって工場の前段階の原料や流通段階の規定ではないからである」と書いてあるものがあったが，HACCPは"from Farm to Fork"であって，フードチェーンの全てのセグメントに適用することができるものであるにも拘らず，このことをよく理解しないまま間違った記述をしている．しかしこのように書かれると一般の読者は間違った情報をそのまま受け入れてしまうので，技術者倫理の観点から考えると不適切と言わざるを得ない．

　技術者倫理の中に，「技術者は自分の有能な領域においてのみサービスを行う」という有能性原則がある．食品関係の専門家は，この有能性原則に悖ることがないように日々の研鑽に努め，行動しなければならないと思う．

文　献

1) Ross-Nazzal, J：Societal Impact of Spaceflight, NASA, 2007, pp219-236.
2) 加地祥文：HACCP導入の初心に返ろう, HACCPニュース, No.22, 1 (2007).
3) 雪印食中毒事件に係る厚生省・大阪市原因究明合同専門家会議：雪印乳業食中毒事件の原因究明調査結果について（最終報告), 2000.

6章

予測の可視化技術を用いた公衆とのコミュニケーション
―漁業と環境の視点から―

岩見　聡（オリエンタルコンサルタンツ）
技術士（水産・建設・環境・総合技術監理部門）
関　達哉（元　千葉県水産試験場）

§1. はじめに

　2010年10月に名古屋で開催された「生物多様性条約第10回締約国会議」（COP10）では，自然資源の持続可能な利用を推進するため51の国や機関などが参加する「SATOYAMAイニシアティブ国際パートナーシップ」が創設された．SATOYAMAイニシアティブは，世界に向けてわが国の里地，里山をモデルに自然と共生した社会のあり方を提案したものである．

　国内では，生物多様性国家戦略2010（2010年3月）において，生物多様性の保全と持続的な利用のため，里地，里山と伴に，里海の保全，再生が位置づけられた．また，漁業のもつ多面的な機能には「豊かな自然環境の形成」，「海の安全，安心の提供」，「やすらぎ空間の提供」があり[1]，里海の保全，再生に果たす漁業者の役割が改めて認識されている．

　近年，漁業従事者の減少，高齢化などにより漁業者のみで担うことは困難になっているが，その一方で，沿岸に残された干潟や藻場など（沿岸の漁場と重なる）の保全に対する社会的な関心も高まっており，里海の保全，再生を進めるためには，漁業者と市民が連携して取り組むことが重要になっている．

　里海の現状から問題や課題を抽出し，将来の望ましい姿を明らかにするため，数値シミュレーションによる予測が用いられることがある．その場合，予測結果をわかりやすく可視化することは，里海の将来像を共有するなど，漁業者と

市民の間のコミュニケーションを図る上で有効と考えられる．

そこで，本章では，千葉県三番瀬の再生に向けての事例を紹介し，その可能性の一端を示すこととしたい．

§2. 三番瀬問題の概要

2-1 問題の経緯

東京湾の千葉県市川市，船橋市の地先に位置する三番瀬は，東京湾奥部に残された唯一の干潟・浅場であり，区画漁業権と共同漁業権が設定され，ノリ養殖業，貝類漁業などが営まれている．

当該海域では，千葉県により1992年～1993年に埋立計画（以下，当初計画）が，1999年には埋立面積を大幅に縮小した見直し計画（以下，見直し計画）が策定，公表されたが，2001年に白紙撤回された（図6-1）．

その後，三番瀬の保全，再生に関する三番瀬再生計画検討会議（円卓会議），三番瀬再生会議での議論を経て，2006年に再生計画が公表された．「円卓会議」は行政，環境団体などが公開の場で三番瀬の保全，再生について協議した場であったが，三番瀬の保全，再生のあり方について漁業者と環境団体との対立を生むなどの課題も残された．

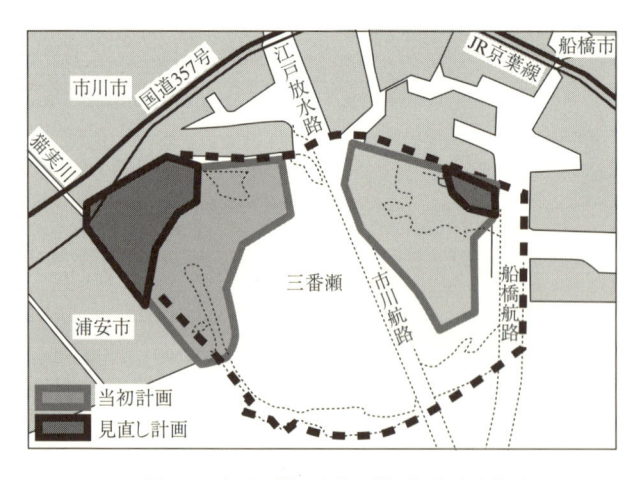

図6-1 市川Ⅱ期・京葉Ⅱ期の埋立計画範囲

2-2 三番瀬における漁業の経過

三番瀬を含むかつての千葉北部地区の漁場は，浦安の旧江戸川河口から船橋地先にかけての広大な干潟に育まれ，河川水の流入や干潟を動脈的に通る「源ヶ澪」などによって生産性の高い漁場が形成されていた．そして，ノリ養殖業やアサリ，ハマグリを対象とする貝類漁業の「本場」の漁場となっていた．

戦後の高度経済成長期に進められた浦安，市川，船橋地区の埋め立てにより，三番瀬周辺の漁場は消滅したが（図6-2），残された漁場は，浦安2期（D地区）の埋め立てが完了するまでは生産性はかろうじて維持されていた．しかし，岸側の漁場では，流れが停滞するようになり，漁場環境の悪化から，その生産性は大幅に低下し，漁場として利用できない状況になっている．

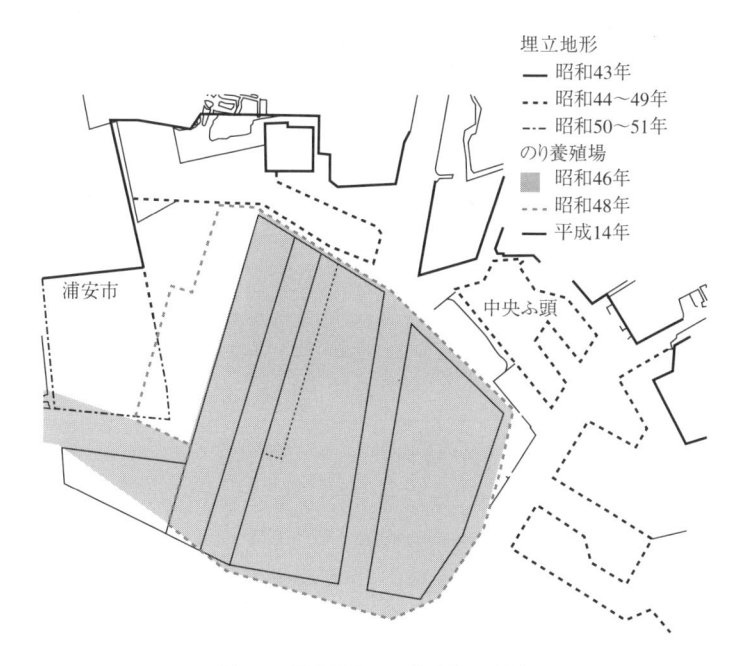

図6-2 埋立地とノリ養殖場の変遷

2-3 三番瀬問題に対する漁業者の取り組み

1) 漁場環境再生のための望ましい水際線の提起（2000年5月）

三番瀬は周辺の埋立地に取り囲まれた海域であり、漁場の生産性を左右する潮通しが悪く、特に、浦安地区の埋め立て後は、漁場の岸寄りの流れが停滞し、海水が交換されず、環境が悪化により漁場利用ができなくなっている（図6-3）。

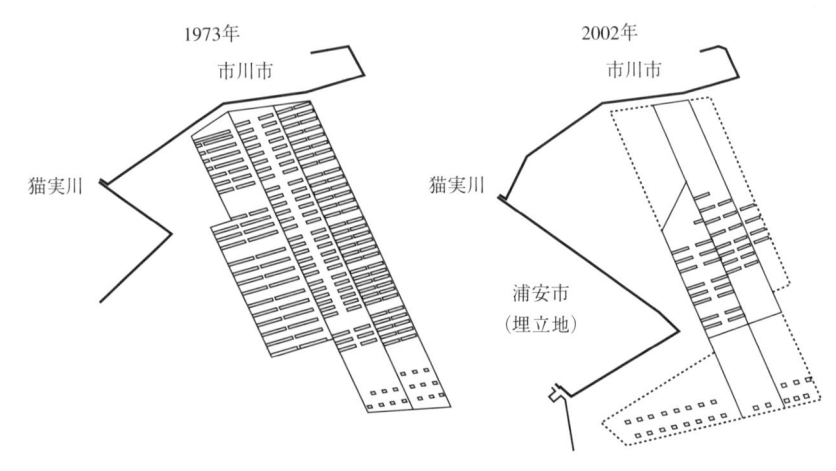

図6-3 ノリ養殖施設の位置（埋立前後）

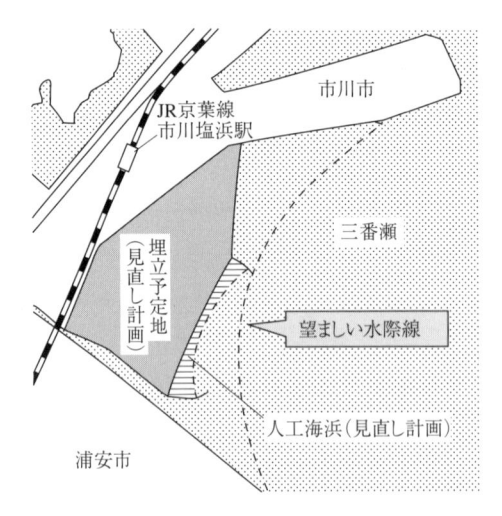

図6-4 千葉北部漁場修復協議会が提案した望ましい水際線[2]

南行徳漁業協同組合並びに市川市行徳漁業協同組合は，1996年に「千葉北部漁場修復協議会」を編成し，有識者からなる専門委員会を設置して，周辺海域の埋め立てによる三番瀬の漁場環境への影響を検討し，漁場計画に反映させるなどの対策を実施した．また，千葉県が1999年に公表した見直し計画に対しては，埋立面積の縮小が漁場環境にどのような回復効果を及ぼすか，「海水交換シミュレーション」を実施し，見直し計画の問題点を明らかにした上で，潮通し（海水交換）を確保するための「望ましい水際線」を提言した[2]（図6-4）．

2）里海再生に向けての漁業者からの提言（2002年10月）

前述のように，三番瀬の埋立計画は2001年に白紙撤回され，三番瀬の保全，再生に向けて「円卓会議」などでの議論が開始されたが，千葉北部漁場修復協議会の専門委員会は，漁業の継続と里海の再生の視点から，「里海再生に向けての漁業者からの提言」をとりまとめた．

提言では，里海再生には，その担い手の一翼を担う漁業者が，将来にわたって漁業を継続できることが重要であり，そのためには，豊かな生産を誇った「かつての環境」を取り戻し，適切に漁場を利用していく必要があると述べている．

また，今後の課題として，里海再生の目標となる「かつての環境」がどのようなものであったかを明らかにするため，現在（埋立地の影響が顕在化）とそれ以前（昭和40年代後半）を対象とするシミュレーションを実施し，周辺海域における埋め立ての影響を検討することが必要と述べている．

§3. 可視化の事例

以下，「千葉北部漁場修復協議会」が実施したシミュレーションにおける可視化手法について示す．

3-1 「望ましい水際線」の検討における可視化の事例

千葉北部漁場修復協議会で実施された海水交換シミュレーションは仮想的な粒子を漁場内に配置し，流れに伴う移動を追跡したものである[1]．

シミュレーションは，三番瀬海域全体に仮想粒子を配置して潮の干満によって分散する様子を可視化したもので，現況，見直し計画および「望ましい水際線」

の各ケース（地形）で実施している．海水交換が活発であれば，粒子は潮の干満により行き来しながら速やかに漁場から流出する．逆に，海水交換が悪ければ，多くの粒子が漁場に残留することになる．本シミュレーションでは3日間の計算を行い，3日後の粒子の流出，残留状況をみて，海水交換に及ぼす地形の影響を評価している（図6-5）．

現況のケースでは，粒子は猫実川河口周辺に多く残留しており，この水域の海水交換が悪いことを示している．一方，望ましい水際線のケースでは，現況に比較して，猫実川河口周辺に残留する粒子は少なく，海域全体でも現況に比較して粒子は減少しており，岸側の流れの停滞が解消され，海水交換が改善していることがわかる．

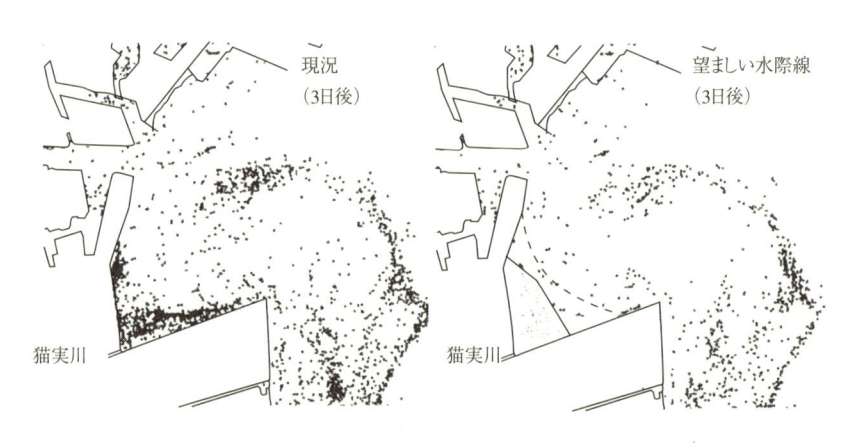

図6-5　海水交換シミュレーションによる可視化の事例（1）[3]

3-2　「里海再生に向けての漁業者からの提言」以降の検討での可視化の事例
1）浮遊粒子追跡による海水交換の可視化

「里海再生に向けての漁業者からの提言」を踏まえて実施した海水交換シミュレーション[3]では，現況と1965年（三番瀬周辺で埋め立てが行われる以前）の地形を再現し，ノリ養殖場内に仮想的な粒子を配置して，一定期間が経過した後にのり養殖場に残留する粒子の数から海水交換を評価している（図6-6）．

昭和40年代（1965～1975年）の地形では，粒子が速やかに分散し，海域全体で活発な海水交換が行われていた様子がわかる．これ対し，現況の地形では

猫実川河口周辺で粒子が長時間滞留する傾向にあるだけでなく，一旦沖合に出た粒子が市川航路を通じ下層から流入し，海水交換性は著しく阻害されていた．

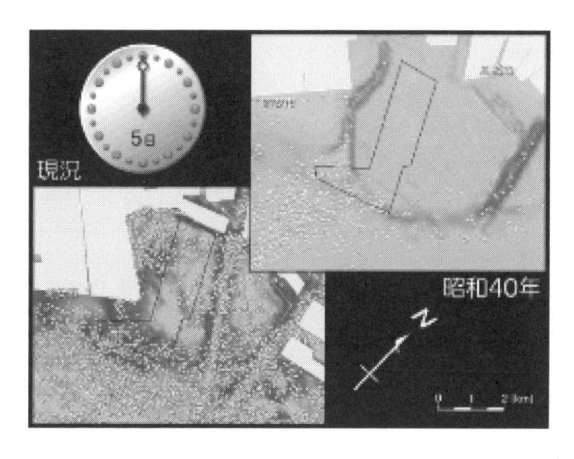

図6-6 海水交換シミュレーションによる可視化の事例（2）[4]

2）浮遊粒子追跡による出水状況の可視化

三番瀬は，江戸川放水路の河口に位置し，出水による影響を受けやすいことから，現況と1965年の地形で，江戸川放水路から仮想粒子（塩分も属性とする）を流入させて，河川水の動きを可視化した（図6-7）．

図6-7 海水交換シミュレーションによる可視化の事例（3）[4]

図には，江戸川放水路の流量が1000 m^3/sになった時点での現況および昭和40年代の地形での粒子追跡の結果を示している．

現況の地形では，猫実川河口周辺は，河川水の影響を受けず，塩分は高いままになっている．昭和40年代の地形では，水深が浅いので，河川水は三番瀬全体に広く広がり，塩分が低下している．

3）地形変化の可視化

現況の地形と昭和40年代の地形は，三番瀬の周辺での埋立地の影響を調べる上での基本条件であるが，その変化をわかりやすく示すため，鳥瞰図を作成し提示している（図6-8）．

現況は，三番瀬周辺地区で埋め立てが行われているほか，地盤沈下や市川・船橋の両航路の造成，埋立用材の採取跡などがあり複雑な地形となっている．埋め立て前は，干潟・浅場が広がりなだらかな地形となっている．

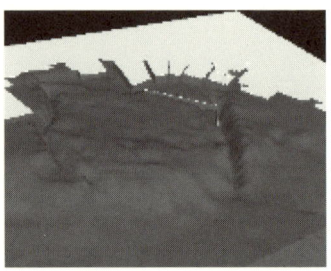

図6-8 地形変化可視化の事例[4]

4）流速，水温，塩分分布の可視化

流れや水温，塩分等は，ノリや貝類の生育，生息条件として重要な環境項目であり，流動シミュレーションにより埋め立て前後の流速，水温，塩分を予測して，埋め立てによる影響を検討している．

流速は現況では5～10 cm/sで，大半は5 cm/s程度である．昭和40年代は，全域で5～50 cm/s程度であり海水交換が活発であったと考えられる（図6-9）．

水温は，現況で高く昭和40年代で低い傾向にある．現況は水深が深く冬季に卓越する北西風により下層の暖かい海水が湧昇しやすいのに対し，昭和40年代は水深が浅いので水温が低下しやすいためと考えられる（図6-10）．

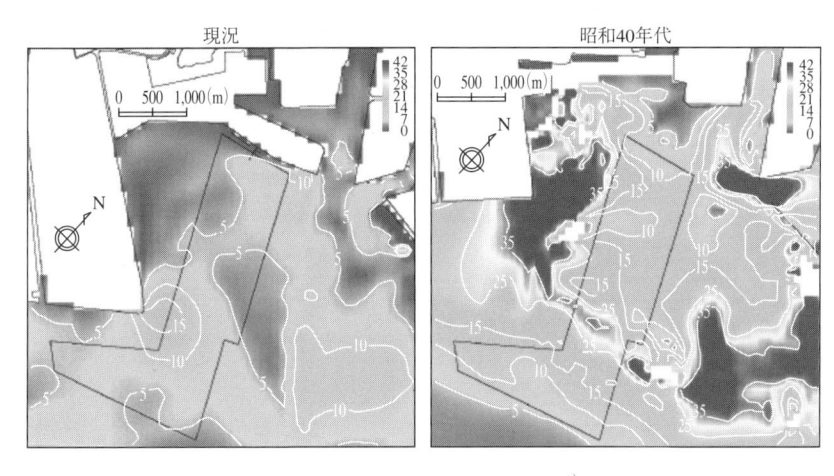

図6-9 流速分布(上げ潮最大時)[4]

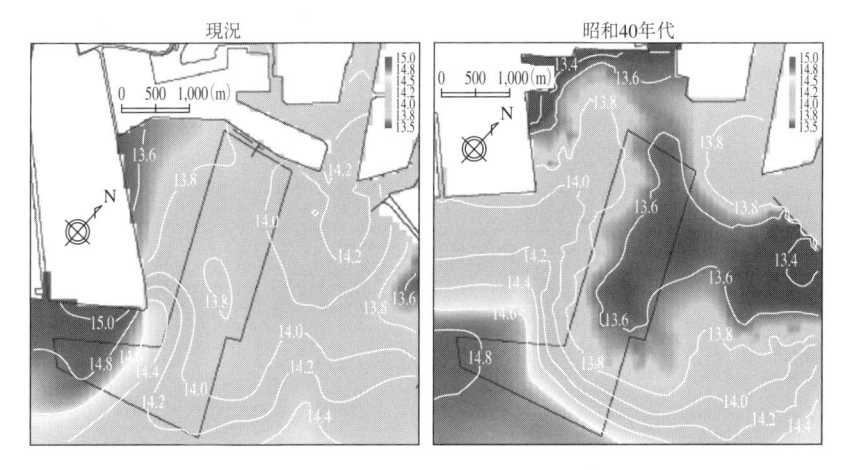

図6-10 水温の分布(1潮汐の平均)[4]

　塩分は，現況では漁場内に若干の格差(水平勾配)が認められるが，昭和40年代では総体的によく混合しており，漁場全体で均一であったと考えられる(図6-11).

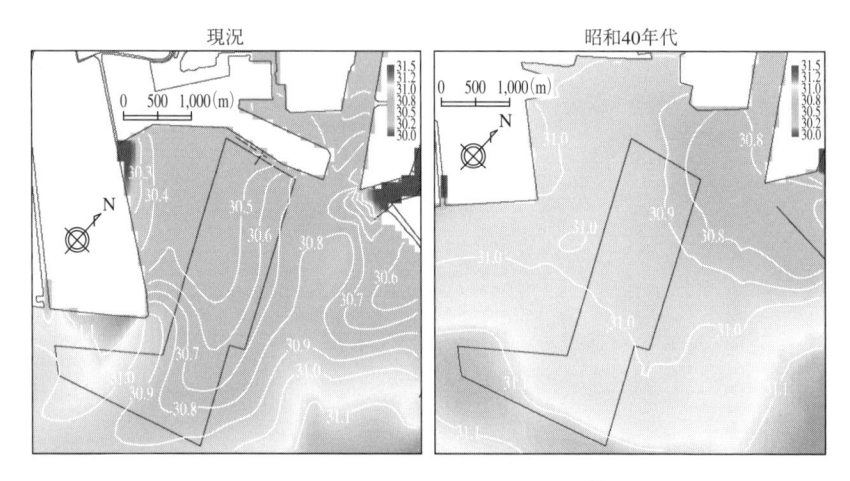

図6-11　塩分の分布（1潮汐の平均）[4]

§4. おわりに

　千葉北部漁場修復協議会が実施した「望ましい水際線」に関するシミュレーション結果については，自然保護団体などから三番瀬の埋め立てを容認したものとの批判がなされているが，里海の保全，再生を「漁場環境の保全，再生」の観点から漁業者が発信したという点で意義を有すると考えられる．

文　献

1) 日本学術会議：地球環境・人間生活にかかわる水産業及び漁村の多面的な機能の内容及び評価について，2008.8.
2) 市川市行徳漁業協同組合・南行徳漁業協同組合：千葉北部地区漁場の修復に係わる検討―見直し計画案に基づく環境改善の予備的考察，2000.5.
3) 千葉北部漁場修復協議会：里海の再生に向けて漁業者からの提言，2002.10.
4) 市川市行徳漁業協同組合・南行徳漁業協同組合：ノリ養殖場の漁場生産力の算定に係わる検討調査，2008.3.

7章

水産部門技術士の現状と課題

久下善生（東光コンサルタンツ）
技術士（水産・建設・総合技術監理部門）
APEC Engineer(Civil, Environmental Engineering)

§1. 技術士とは

1-1 技術士制度

技術士とは「技術士法」で定められた国家資格であり，「文部科学大臣の登録を受け，技術士の名称を用いて科学技術に関する高等の専門的応用能力を必要とする事項についての計画，研究，設計，分析，試験，評価又はこれらに関する指導の業務を行う者をいう」（技術士法第2条）．いわゆる5大国家資格の1つとされている（表7-1）．

技術士になるためには技術士第一次試験と技術士第二次試験に合格して文部科学大臣の登録を受けなければならない．ただし，日本技術者教育認定機構（Japan Accreditation Board for Engineering Education：JABEE）が認定した学士課程を修了した者には第一次試験が免除される．

第一次試験合格者とJABEE認定課程修了者をあわせて修習技術者と呼び，第

表7-1 5大国家資格

称号	経験	業務独占/名称独占
技術士	必要	名称独占
医師	必要	業務独占
弁護士など(司法試験)	不要	業務独占
弁理士	不要	業務独占
公認会計士	不要	業務独占

二次試験を受験するにあたり，図7-1に示す「経路1」の者にあっては4年以上，「経路2」の者も同様に4年以上，「経路3」の者にあっては7年以上の実務経験が必要とされる．「経路1」と「経路2」の違いは，技術士補に登録しているかどうかであって，技術士補に登録するには指導してくれる技術士を得る必要がある．その指導技術士は必ずしも職場の上司である必要はない．「経路2」ではそのような指導技術士が得られない場合，「優れた指導者」として職場の技術上の上司でもよいこととなっている．「経路3」によって指導技術士や「優れた指導者」が得られない場合においても受験への道が開かれている．

　業務独占資格とはその資格を有する者でなければ一定の業務活動に従事することができない資格であり，名称独占資格とはその資格を有する者でなければ一定の名称を用いることができない資格である．両者は区別して述べられることが多いが，事実上，業務独占資格は名称も独占している．技術士は名称独占資格である．実際，「科学技術に関する高等の専門的応用能力を必要とする事項についての計画，研究，設計，分析，試験，評価又はこれらに関する指導の業務」を行っている技術者は技術士以外にもいるし，4年または7年以上のそのような経験を積んでいる最中の人もいる．保育士や中小企業診断士も名称独占資格で

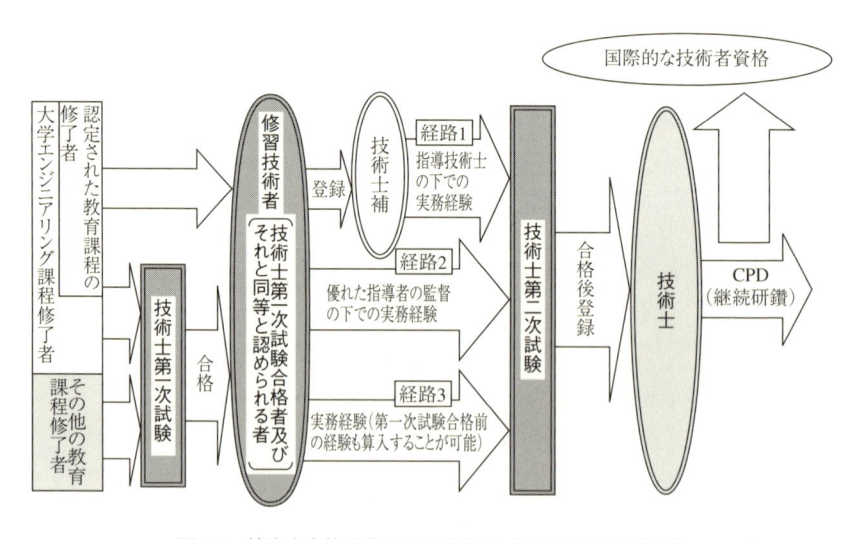

図7-1　技術士資格取得までの仕組み（日本技術士会資料）

ある.

とはいえ，技術者資格の国際的同等性の進展に伴い，技術士は米国のProfessional Engineer（PE）や英国のChartered Engineer（CE）に匹敵するものとされ，必要な審査を経てAPECエンジニア（アジア太平洋経済協力会議傘下の13エコノミーの共通資格）およびEMF国際エンジニア（Engineers Mobility Forum傘下の15エコノミーの共通資格）に登録することができる.

1-2 技術士の全体像

21の技術部門に分かれている技術士は，2010年3月末現在，延べ82,374名，複数の技術部門の技術士がいるために実数では68,546名である（表7-2）．総合

表7-2 部門別技術士登録者数（2010年3月末）

技術部門	登録者数(人)	比率(%)
建設	37,305	45.3
上下水道	5,244	6.4
機械	4,079	5.0
電気電子	4,074	4.9
農業	3,823	4.6
応用理学	3,648	4.4
衛生工学	2,602	3.2
情報工学	1,655	2.0
経営工学	1,596	1.9
化学	1,410	1.7
環境	1,180	1.4
金属	1,157	1.4
森林	911	1.1
繊維	714	0.9
水産	521	0.6
資源工学	438	0.5
原子力・放射線	307	0.4
船舶・海洋	193	0.2
航空・宇宙	160	0.2
生物工学	156	0.2
総合技術監理	11,201	13.6
合計	82,374	100.0

出典：日本技術士会資料

表7-3 日本の技術者数

	1995年	2000年	2005年
システムエンジニア	604,354	777,487	745,153
プログラマー			74,831
土木・測量技術者	481,145	510,196	306,797
電気・電子技術者	344,683	351,564	303,710
機械・航空機・造船技術者	292,612	282,935	284,038
建築技術者	418,622	387,284	232,686
化学技術者	68,287	66,913	66,994
農林水産業・食品技術者	65,604	58,603	47,965
金属製錬技術者	21,884	18,908	16,375
その他の技術者	73,112	69,995	62,063
合　計	2,370,303	2,523,885	2,140,612

出典：国勢調査

技術監理部門はそれ以外の技術部門の第二次試験の合格が条件とされる特殊な技術部門である．社団法人日本技術士会が2011年に創立60周年を迎えるという年月を考えるとこの人数は，米国PEの40万人，英国CEの19万人に比べて著しく少なく，2005年国勢調査の技術者数214万人（表7-3）の3%にすぎない．JABEE認定課程修了者は12万人に達したが，このうち第二次試験合格者は2008年度1名，2009年度5名にとどまっている．*

技術部門別には一目，建設部門の人数が桁違いに多い．前述のように技術士は名称独占資格である．しかし建設業界には，公共事業における公益性の観点から，国土交通省を筆頭とする「顧客」側からみて事実上の業務独占資格としての需要があるということである．具体的には，主として建設部門の技術士をプロジェクトリーダーとして配置しなければそのプロジェクトに応募できない，または，指名されないという形で行われる．

§2．技術士の倫理

2-1 「技術士等の義務」

技術士には3つの義務と2つの責務が課せられる．それらはいずれも技術士法で規定されている（図7-2）と同時に，技術士としての基本的な規範でもある．

---

*1：2010年度合格者は24名と増加し，今後が期待される．

> **(信用失墜行為の禁止)**
> 第44条　技術士又は技術士補は、技術士若しくは技術士補の信用を傷つけ、又は技術士及び技術士補全体の不名誉となるような行為をしてはならない。
> **(技術士等の秘密保持義務)**
> 第45条　技術士又は技術士補は、正当の理由がなく、その業務に関して知り得た秘密を漏らし、又は盗用してはならない。技術士又は技術士補でなくなった後においても、同様とする。
> **(技術士等の公益確保の責務)**
> 第45条の2　技術士又は技術士補は、その業務を行うに当たっては、公共の安全、環境の保全その他の公益を害することのないよう努めなければならない。
> **(技術士の名称表示の場合の義務)**
> 第46条　技術士は、その業務に関して技術士の名称を表示するときは、その登録を受けた技術部門を明示してするものとし、登録を受けていない技術部門を表示してはならない。
> **(技術士の資質向上の責務)**
> 第47条の2　技術士は、常に、その業務に関して有する知識及び技能の水準を向上させ、その他その資質の向上を図るよう努めなければならない。

図7-2　技術士等の義務

このうち「公益確保の責務」と「資質向上の責務」は2000年の技術士法の改正で新たに盛り込まれたものである．

2-2　「最低限実行」と「適切な配慮」と「立派な仕事」

もとより，ほとんどの技術者はやってよいことと悪いことはわかっている．いわゆる「常識」である．コンプライアンスを「法令順守」と訳すことが一般化しているが，元来，倫理を含む「規範順守」のほうが適切であろう．常識が規範化されるとき，倫理と法とが相互に補完しあって規範全体を形成するが，その構成は状況によってさまざまである．公務員でもやってよいことと悪いことはわかっているという点では同様であろうと思うが，特別に「公務員倫理法」で縛られている．つまり倫理を補完する法ではなく，法で「倫理を守れ」と強制している．その意味では「技術士法」の「技術士等の義務」規定も同じだが，「公務員倫理法」は「技術士法」よりもはるかに事細かである．法律で「倫理を守れ」と強制されなければ守れないのかと嘲笑されても，国民が見てきたことが一部の公務員の事実であった．そこで公務員は最低限の必須事項のハードルを罰則付きの法レベルへ上げたのである．

常識の規範化の多様性は職場の性格によるだけではない．時間的にも変遷する．技術士法改正による責務の追加もその例であるが，米国の学生向け教科書にも興味深い変化が現れている．

「第2版科学技術者の倫理」（2000年に米国で刊行）では，技術者の責任を「最低限実行」，「適切な配慮」，「立派な仕事」と段階的に述べ，技術者は美徳を必要とするかという問いに「美徳を含むことがありうる」と述べていた[1]．3段階の責任はそれぞれ「最低限の仕事しかしない技術者」，「最低限の仕事だけでなく懸念されることにも配慮する技術者」，「履行しないと咎められる義務や責務以上の貢献を果たす技術者」の類型の説明に用いられていた．

ところがその後，「第3版科学技術者の倫理」（2005年に米国で刊行）では「最低限実行」の責任は記載がなくなった．専門職には積極的な前向きの責任と消極的な後向きの責任があり，「適切な配慮」（後向き）が当然であるだけでなく「立派な仕事」（前向き）を含む，という主張に変更されている．さらにウィリアム・F・メイを引用する形ではあるが「専門家は美徳を備えているべきである」と明言している[2]．つまり，「最低限実行」は当たり前すぎて教科書からも消え，「適切な配慮」が今や「最低限」であり，「立派な仕事」を含むことが要請され始めた．

「立派な仕事」というのは難しそうだ．教科書は「立派な仕事」の例として，有害廃棄物により健康を害する恐れがあるとして退避命令を受けたラブ・カナル地区の住民が帰宅しても安全かどうかを決定するためにデータ分析を手助けする統計学者のケースや，夜間運転での死亡者数を劇的に減らすことができるシールドビーム式のヘッドライトを開発した技術者グループのケースをあげている．それらはボランティアで行われた．彼らにとって「やってよいことか悪いことか」の判断ではなく，「やりたい」というごく普通の貢献意欲だったのであろう．

このような意向には異論があるかもしれない．しかし，40万人のPEを擁する米国の倫理的成熟にすぎないといつまで言っていられるだろうか．

2-3 プロフェッション

日本技術士会は2007年，「技術士プロフェッション宣言」を発した（図7-3）．

> われわれ技術士は、国家資格を有するプロフェッションにふさわしい者として、一人ひとりがここに定めた行動原則を守るとともに、社団法人日本技術士会に所属し、互いに協力して資質の保持・向上を図り、自律的な規範に従う。
> これにより、社会からの信頼を高め、産業の健全な発展ならびに人々の幸せな生活の実現のために、貢献することを宣言する。
>
> 【技術士の行動原則】
> 1. 高度な専門技術者にふさわしい知識と能力を持ち、技術進歩に応じてたえずこれを向上させ、自らの技術に対して責任を持つ。
> 2. 顧客の業務内容、品質などに関する要求内容について、課せられた守秘義務を順守しつつ、業務に誠実に取り組み、顧客に対して責任を持つ。
> 3. 業務履行にあたりそれが社会や環境に与える影響を十分に考慮し、これに適切に対処し、人々の安全、福祉などの公益をそこなうことのないよう、社会に対して責任を持つ。
>
> 平成19年1月1日
> 社団法人日本技術士会
>
> ＜プロフェッションの概念＞
> ① 教育と経験により培われた高度の専門知識及びその応用能力を持つ。
> ② 厳格な職業倫理を備える。
> ③ 広い視野で公益を確保する。
> ④ 職業資格を持ち、その職能を発揮できる専門職団体に所属する。

図7-3 技術士 プロフェッション宣言

プロフェッション（専門職）およびその同族語はもともと，ある生き方への誓約という自由な行為から発している．profess（公言する）は宗教上の慣習により行われた修道請願の行為であったといわれる[3]．神父が医者の役割も兼ね，同時に法律家，教育者として知的職業を独占している状態であった[4]．現代でも「ある生き方」への誓約はありうることである．単にその仕事で扶持を稼ぐという現代語の「プロ」とは少し意味合いが異なる．語源的には professor に近い．

しかしプロフェッションの現代的な定義はなかなか難しい．図7-3の中の＜プロフェッションの概念＞は日本技術士会による解説であるが，「第3版科学技術者の倫理」では，定義でも必要十分条件でもないと断った上で，要約すると次の5項目を「特性」として列挙している[5]．

①かなりの期間の知的な訓練が必要である．
②その知識と技量は，より大きな社会の幸福に不可欠である．
③そのサービスを（ほぼ）独占的に提供している．
④その職場において自立性を持つことがある．

⑤通常，倫理規程・基準によって行動を制約される．

現実問題として，日本では一部の技術部門や選択科目（後述）を除いた多くの「名称独占資格」の技術士にとって，プロフェッションの第3の特性（サービスの独占的な提供）があまり機能していないことは確かである．したがって日本技術士会の解説でもその項目には触れていない．

これらの概念や特性には議論の余地があるかもしれないが，「技術士資格を取得するメリット（主として経済的な）は何か」という問いに，ごく普通のサラリーマンであるわが身を省みながら汲々として「資格手当てがもらえます」などと答えているよりも，議論の価値は高いと感じる．

2-4 技術士倫理綱領

日本技術士会は技術士倫理要綱を1961年に制定した．1999年にこれを改訂したが，2011年3月にさらに改訂し，名称を含めて「技術士倫理綱領」と変更された．綱領を図7-4に示す．

読者はどれもこれもあたりまえのことだと思うだろう．倫理規範は常識という意識を書き下したものだからである．しかしここまで来るのに日本技術士会は60年を要した．先輩格の米国では，アメリカ機械技術者協会（ASME）とアメリカ土木技術者協会（ASCE）が1914年に相次いで倫理規程を制定して以来，技術者倫理規程はおよそ100年の歴史をもつ．ただ，100年前からこれらの条項があったわけではない．この100年は3期に分けられる．第1期は技術者対技術者（自分たちの利益を守る趣旨）の時代，第2期は技術者対顧客（顧客の利益を尊重する趣旨）の時代，第3期は技術者対公衆（公衆の利益を図る趣旨）の時代である．第3期に入ったのは1970年代である[6]．顧客と公衆が一致する場合もあるが，技術者の立場からは一致しない場合も多いのである．技術士倫理綱領の10か条はこれらの各期を反映している．8〜10条が技術者対技術者，3〜7条が技術者対顧客，1条と2条が技術者対公衆に対応する．

いずれの時代も「誰か」の利益を目指しているが，そのためには自律自制が必要なことも当然である．自分の利益を守るということは顧客を強引に奪いあったりしないという取り決めでもあった．顧客の利益を尊重するといっても顧客に違法行為を起こさせてまで利益を上げさせてはならない．それは自分自身の違法

行為でもあり，結局は自分の利益の逸失にもつながる．自分と顧客の利益も含めて自律的に統括するために公衆の利益が優先されることとなったと理解している．

　こうして10カ条は歴史的に，およそ現代社会で考えられる技術者の対人関係を網羅している．10カ条を皆が守れば問題はおこらないはずである．しかし，技術者を取り巻く周辺の対象者が増えることによってむしろ問題が複雑になることもある．自分と顧客と公衆の利益が相反する場合である．倫理問題は各条項別に訪れるとは限らない．むしろ相反問題として訪れることのほうが多い．各条項はあたりまえだとしても，すべての条項を満足させることが難しいことがある．

【前文】
　技術士は、科学技術が社会や環境に重大な影響を与えることを十分に認識し、業務の履行を通して持続可能な社会の実現に貢献する。
　技術士は、その使命を全うするため、技術士としての品位の向上に努め、技術の研鑽に励み、国際的な視野に立ってこの倫理綱領を遵守し、公正・誠実に行動する。
【基本綱領】
（公衆の利益の優先）
1. 技術士は、公衆の安全、健康及び福利を最優先に考慮する。
（持続可能性の確保）
2. 技術士は、地球環境の保全等、将来世代にわたる社会の持続可能性の確保に努める。
（専門性の重視）
3. 技術士は、自分の力量が及ぶ範囲の業務を行い、確信のない業務には携わらない。
（真実性の確保）
4. 技術士は、報告、説明又は発表を、客観的でかつ事実に基づいた情報を用いて行う。
（公正かつ誠実な履行）
5. 技術士は、公正な分析と判断に基づき、託された業務を誠実に履行する。
（秘密の保持）
6. 技術士は、業務上知り得た秘密を、正当な理由がなく他に漏らしたり、転用したりしない。
（信用の保持）
7. 技術士は、品位を保持し、欺瞞的な行為、不当な報酬の授受等、信用を失うような行為をしない。
（相互の協力）
8. 技術士は、相互に信頼し、相手の立場を尊重して協力するように努める。
（法規の遵守等）
9. 技術士は、業務の対象となる地域の法規を遵守し、文化的価値を尊重する。
（継続研鑽）
10. 技術士は、常に専門技術の力量並びに技術と社会が接する領域の知識を高めるとともに、人材育成に努める。

出典：日本技術士会資料

図7-4　技術士倫理綱領

しかしそのとき，法を犯さず，犯させず，与えられた条件の中で，公衆の安全，健康及び福利を最優先して，自分と顧客と公衆の利益を三方成立させる．それが技術士の倫理である．

§3．水産部門技術士の現状と水産分野の倫理

3-1　水産部門技術士の現勢

　水産部門の技術士に目を移そう．水産部門技術士数は521名で，2010年3月に念願の500名を突破できたが，全技術士の0.6％である．

　水産部門の技術士は第二次試験において部門全般にわたる必須科目のほかに「漁業及び増養殖」,「水産加工」,「水産土木」,「水産水域環境」の4つの選択科目から1つを選んで受験する（21部門全体では192の選択科目がある）．先に述べた「技術士の名称表示の場合の義務」は「技術者は，自分の有能な領域においてのみサービスを行う」という諸外国にもみられる普遍的な技術者倫理に沿ったものと解されるが，受験時の選択科目まで表示する義務はない．技術士の登録事務においても技術部門でしか区別されない．しかし，実際には受験時の選択科目を「顧客」側が「有能な領域」とみなす傾向がないとはいえない．水産部門の最近10年の選択科目別の合格者数は表7-4のとおりである．

表7-4　水産部門技術士の選択科目別合格者数
（2000～2009年度累計）

選択科目	人数
漁業及び増養殖	26
水産加工	24
水産土木	91
水産水域環境	54

出典：日本技術士会資料

3-2　水産庁長官通達

1994年，水産庁長官が都道府県などに対して，①水産部門技術士の活用，②水産部門技術士の養成を通達した（図7-5）．これが奏功しつつあり，近年は漁港漁場整備事業を中心に水産部門技術士の公的活用が着実に進んでいる．

公的活用は，建設部門での手法と同じくプロジェクトリーダーに水産部門の技術士を指定するケースが多い．かつては施設整備が水産業の大きな支えであり，現在もその意義は衰えるものではないが，ともすれば施設整備自体が目的と誤解されやすかった時代には，防波堤や護岸構造の要素技術の観点から建設部門の技術士のうち第二次試験の選択科目が「港湾及び空港」であった者だけが担当していた時代がある．近年，各地の漁業・増養殖の実態，背後地での水産加工業との一体性，水域環境保全・創造まで含めた水産業のさまざまな特性に明るい水産部門の技術士が担当するようになりつつあることは当然とはいえ，ま

---

6 水研第 62 号
平成 6 年 3 月 10 日

都道府県知事・全国漁業協同組合連合会　殿

水産庁長官

水産業における技術士の活用の推進について

　最近の水産業をめぐる情勢は、水産物消費の堅調な推移等明るい材料もあるものの、200 海里体制の本格的定着に伴う海外漁場の縮小、資源保護・環境保全等の観点から公海における操業規制の強化、我が国周辺水域における資源状態の悪化等内外ともに依然として厳しい状況にある。

　このような状況の下、つくり育てる漁業や資源管理型漁業の展開、漁業生産基盤の整備及び水産水域の保全等の重要性が増している。これらの施策を推進するためには、水産分野における技術の向上及び普及が不可欠である。

　技術士制度は、技術士法（昭和 32 年法律第 124 号）に基づき科学技術の向上と国民経済の発展に資することを目的として創設されたものであり、上記の施策を一層推進するためには、高度の技術能力を有する水産部門の技術士の活用が極めて有効であると考えられるところ、貴殿におかれては、下記の事項について技術士の活用の推進に配慮されたくご協力願いたい。

記
1　水産に関する専門的技術を必要とする業務を実施するにあたっては、水産部門の技術士を活用するとともに、各種の事業実施主体等に対し、水産部門の技術士を活用するよう指導すること。
2　水産に関する技術的業務を行っている事業体等に対して、水産部門の技術士の養成及び確保に努めるよう指導すること。

以上

図7-5　水産庁長官通達

ことに喜ばしく，長きに渡る関係者の尽力に感謝するものである．

ただし現状では，水産部門の技術士のうち，第二次試験受験時の選択科目が「水産土木」であった者に限定される傾向がある．場合によっては「漁業及び増養殖」，「水産加工」，「水産水域環境」に近い業務の場合でも「水産土木」が指定される向きがないでもない．一方，「水産土木」以外の3科目を選択した技術士，あるいは，第二次試験の選択科目を限定しない水産部門全体の技術士の公的活用は一部の自治体に散見される程度である．このような傾向が上記のような受験者の科目選択に影響している可能性もある．

残念ながら一方では，水産部門の技術士数が少ないことから今も水産部門の技術士を指定することが自由な競争を阻害するかのような意見もある．今後，水産部門全体の技術士の活用がいっそう拡大することは間違いないが，そのためには，自由競争の阻害要因などと言われないだけの数の技術士の育成が急務となっている．

3-3 水産分野での技術者倫理の足取り

食の安全・安心や環境保全など，個々の課題・事件等への対応は別にして，水産分野における「技術者倫理」を前面に出した問題提起は2000年の東京水産大学公開シンポジウム「科学を学ぶものの倫理」が端緒といえるであろう．これが2001年に書籍化（渡辺悦生・中村和夫共編）された後，2006年に「農林水産業の技術者倫理」（祖田修・太田猛彦編著）が刊行されるまで5年を要した．

以降，水産系JABEE認定課程においては技術者倫理が日常的に取り扱われる重要課題となったことを承知している．非認定課程においても技術者の育成にとってその重要性が変わることはないはずである．「授業で倫理が身につくか」と揶揄されても，哲学一般や科学史だけでなく，基本的な観点や事例を学ぶことは将来の自律的な技術者の育成に役立つことであろう．

しかし，2007年を中心に水産業にも非常に関連の深い食品業界において，賞味期限，産地，原料の偽装などの不祥事が続発した．それを目の当たりにして，日本技術士会農業部会，水産部会，生物工学部会のほか2グループの計5団体が2008年1月，食品信頼回復緊急共同アピールを発信した（図7-6）．その後5団体は継続して3度のセミナーを開催し，水産部会単独でも2009年11月，技

術者倫理に焦点をあてた研究発表会を開催した．その他，部会員の多くが職場，業務を通じて技術者倫理の発揚に努めている．

そして2010年3月，日本水産学会が本シンポジウムを開催した．これが振り返って水産分野における倫理啓発の画期となることを願う．

平成20年1月21日

食品業界の信頼回復のために、
関係技術者と技術士の皆さんに訴える

社団法人日本技術士会農業部会
同水産部会
同生物工学部会
同プロジェクトチーム食品技術士センター
同プロジェクトチーム食品産業関連技術懇話会

私共、日本技術士会の食品関連各組織は、不祥事の続発する食品業界の最近の状況に深い憂慮と強い危機感を持ち、広く食品業界の技術者と技術士の皆さんに対し、食品と食品業界の信頼回復のため、共に協力して最大限の努力を傾けるよう強く訴えるものです。

① 食品業界では、近年各種の不祥事が続いていますが、昨年は特に有名企業を含め、賞味期限・産地・原料の偽装などの不正行為が続発し、社会と消費者の信頼を著しく失いました。

② その責任は、経営者が最も重く追うべきですが、全ての食品産業関係者にとって「他人ごと」ではありません。特に技術者は、企業現場で企画・開発・製造・品質管理などに直接携わるものとして、食品の安全確保・品質管理・不正防止に重大な責任があります。技術者は、国民の生命と健康に果たす責任と誇りを持ち、夫々の職分に応じて、そのために最善を尽くさねばなりません。

③ 最近の不祥事の多くは、内部告発が端緒になって発覚しています。状況によって不正を告発することも必要ですが、技術者として最も重要なのは、不正が行われないような「仕組み造り」だと思われます。そのためには企業現場の状況に対応して、例えば経営者や関係者への助言、法令や基準の周知、作業マニュアルの徹底、安全相談窓口の開設、製造記録の整備、衛生管理マニュアルの策定、HACCP・ISOなどのシステム構築、トレーサビリティの確立などに努めることが求められます。

④ 技術士資格を持つ技術者は、技術コンサルタントか企業内技術士か、また、日本技術士会会員か非会員かに関わらず、技術士法に明記された「公益性擁護」の立場を堅持し、自分自身の「技術者倫理」の向上に努め、消極的に法令を守るだけでなく、「企業倫理実現」の先頭に立って積極的に行動すべきです。また、企業内技術士は経営者や職場上司・同僚のよき相談相手となり、所属企業と食品業界への信頼を築くため、関係者と協力して日常的に努力することが望まれます。

⑤ 我々技術士組織は、食品の安全・安心のための様々な「仕組み造り」に関して、企業の相談や要請に対応する用意があり、このような貢献をすることが現時点における我々の果たすべき社会的責務と信じるものです。

図7-6　食品信頼回復緊急共同アピール

§4. 倫理を伴う水産部門技術士の育成増加を目指して

4-1 業務独占と公益性

表7-1の技術士数の分布に立ち返ろう．全技術士の半分近くが建設部門であるという分布が正しく日本の産業構造を表しているとはとうてい思われない．ところが建設業界における技術者には必須資格としての技術士資格取得の動機が用意され，モチベーションを持ち続け，先輩が後輩を指導育成する再生産機構さえある．それはそれで建設業界が官民をあげて努力したからにほかならない．

しかし，その動機の1つが公共事業と呼ばれる仕事の「公益性」にあるとしたら，水産業を含む第1次産業・食糧産業は，道路や空港建設に比して「公益性」の点で，はたして劣るであろうか．第1次，第2次，第3次という形容は次元の低い順から並んでいるという誤解がある．そうではなく人間の生存に密着している順に並んでいる．第1次産業は人間生活の基盤産業である．儲かる，儲からないに関わらず，絶対につぶすことができない．1＋2＋3か1×2×3なのかはわからないが，第6次産業化しなければならないという意見もなるほどと思う見識だが，もっと第1次産業への畏敬の意識を醸成することのほうが前提となるのではないだろうか．

水産業は生産から加工・流通・消費にいたる様々な業態を包含しており，その意味ではまさに6次産業ともいえるが，その中でも最も第1次産業らしい根源部分である漁業をみてみる．第1次産業の中でも農業，林業と比べて漁業の最大の特徴は「現存する唯一の狩猟型食料生産業」[7]であり，「まさに生態学の論理で成立しうる国家の基盤産業」[8]であることである．おそらく「唯一」であるだけでなく，人類の発祥とともに誕生した最古の狩猟産業でもあろう．かつては養殖が世界を救うと言われ，今でももちろん重要であるが，水産物の多くは狩猟によっており将来もそのはずである．狩猟というといっそう原始的で後進的な産業であるというイメージをもつ人もいるであろう．狩猟は今やレクリエーションとしてしか存在しえないと言い，バッファローの絶滅を引き合いにして，まるで漁業が近い将来，魚を絶滅に追いやるといって非難する人もいる．バッファローはアメリカ先住民にとって再生産可能な貴重な食糧であり営々と

資源を守ってきたが，それを狩りつくしたのは入植した毛皮商人たちである．漁業は装飾産業ではない．食糧産業なのである．

しかし，天然資源を食糧にすることにはどれほど高度な科学技術が必要なことだろうか．この広い海（と陸と大気）の物理・化学・生物・地学のあらゆる理科情報を深化させ，社会科学も動員し，動的な生態系に特有な量と質の偏りを甘受しながら，空間的な意味でも時間的な意味でも二重の生物多様性を永遠に保ち続け，その余剰を恵みとして摂り続けていくことの難しさは想像を絶する．人間が生きていく限り挑戦し続けなければならない「持続可能な開発」の典型的な舞台である．

4-2 「やってよいことか悪いことか」の倫理から「貢献する」倫理へ

技術士であっても要求される倫理性は特別なものではない．ごく普通の人がごく普通に社会に貢献したいと考えている．さきに「もとよりほとんどの技術者はやってよいことと悪いことはわかっている」と述べた．

水産業内部では養殖による自家汚染も招いた．海に直接ホルマリンを散布することも行った．表示も偽装した．乱獲もあったかもしれない．漁港施設が結果的に環境に影響を与えたかもしれない．そのような水産業の内部にある弱点を反省するなかでの配慮は当然であろう．

他産業からは海に毒を流されたこともある．藻場も干潟も埋め立てられた．なにより埋め立てによって海が消滅した．川が分断された．第2次産業と第3次産業による経済成長に対して第1次産業はトレード・オフの関係でしかありえないであろうか．どこかで必ずバランスのとれた産業構造が実現されるべきである．それら数々の他産業との軋轢の歴史への反発と提起は，水産業から全産業へ向けた倫理の発信となるかもしれない．

さらに，水産業を永遠に持続可能な産業として維持し続けていくという国民・世界に向けた発信はもしかすると「立派な仕事」，つまり「貢献する」倫理の一部といえるかもしれない．それは演説会を開くわけでもなく，国際会議に出席するわけでもなく，ボランティア活動でもなく日々の仕事の中でも可能なのである．地元の海や川を見つめながら，水産加工場の日常の中からも可能なのである．

4-3 実学におけるデザイン能力と「貢献する」倫理の統一

　JABEEの学士課程認定の要件の1つに技術者倫理と並んでデザイン能力の修得がある．これは国際的同等性の面から少なからず波紋を呼んだ．諸外国勢は，日本の大学教育ではデザイン能力の修得が弱いのではないかというのである．「デザイン」をあえて「設計」と訳さずそのまま日本語としているところに解釈の難しさが現れている．JABEEの解釈は次のとおりである．すなわち，「『デザイン』とは，『必ずしも解が一つでない課題に対して，種々の学問・技術を統合して，実現可能な解を見つけ出していくこと』であり，そのために必要な能力が『デザイン能力』である」[9]．言い換えれば「課題解決能力」といえる．あまり難しい言い方をしなくても，それは技術者が日々行っている業務にほかならない．諸外国勢の懸念するところは真理を探求する科学と，現実の問題を解決するエンジニアリングとの間の差であったのかもしれない．

　しかし，純理学的な自然科学はさておき，水産学を含む農学を「実学」とみなせばそのような懸念は氷解する．祖田は工学・農学・医学などを「実際科学」ないし「技術学」と呼び，理学などの「自然科学」，人文学などの「人間科学」と比較して次のように述べている．

　「実際科学ないし技術学の場合は，単に何かを知ろうとするだけではない．人間が自然に働きかけ，なんらかの『問題』を解決し，あるいは『価値目標』を実現するため，論理整合的かつ実践的なモデルを『構想』し，『推論』によるその論理的妥当性を検討し，『実験および試験』あるいは『調査』によって検証したうえ，現実妥当性があり実践可能なモデルを確立する」．「農林水産技術者とは，(中略)農林水産業およびその関連産業に関わる科学技術を学び，それを生かして，研究の場で，あるいは農林水産業の生産現場，関連加工・流通企業などで働いている人びとのことをいう．技術者はそこにおいて，技術の利用，改善と発展に尽力する．そしてその実践を通して，農林漁業および関連産業の発展，それに携わる人の幸福の追求，さらには国内外を問わず広く人びとと社会の発展に貢献するのである」[10]．

　問題は，「農学栄えて農業滅ぶ」に陥っていないかどうかである．倫理のいずれの原典も，功利主義という名の最大多数の最大幸福か，基本的人権尊重の公平な幸福かは別にして，まず人の幸福と社会への貢献を説く．ともすれば技術

者倫理はやってはいけないことの羅列になりかねないが，農林水産業の発展のためのデザイン能力の発揮と「貢献する」倫理とは，実学という概念の中で明快に連関する．

あるいは前出の5人の技術士のかたがたの具体的な日常の業務経験のなかにそのような側面が垣間見えるのではないだろうか．

4-4 水産部門技術士の活用と育成の促進へ

日本技術士会水産部会は水産部門の技術士の活用促進に今後とも取り組んでいく．その際，仕組みが先か，数が先かという不毛な論議はそろそろ止めて，同時に進める以外にない．結局のところ，1994年の水産庁長官通達の「水産部門技術士の活用と育成」に立ち返ることとなる．その頃に比べて人数ははるかに増加したが，付け加えるとすれば，技術者倫理を備えた質の良さで技術士活用の動機を与える必要性が出てきたということである．

技術者倫理を備えた技術者が技術士だけとはまったく思わないが，それでも500人では少なすぎる．水産部門技術士の陣容を整え，水産業の振興の一助となれるよう，今後とも努力していきたいと考える．

文 献

1) Charles E. Harris, Jr., Michael S. Pritchard, Michael J. Rabins：第5章 責任感のある技術者，第2版科学技術者の倫理（社団法人日本技術士会訳編），丸善，2002，pp.115-123.
2) Charles E. Harris, Jr., Michael S. Pritchard, Michael J. Rabins：第2章 技術業における責任，第3版科学技術者の倫理（社団法人日本技術士会訳編），丸善，2008，pp.23-34.
3) 同上：第1章 技術者倫理：違いがわかること，第3版科学技術者の倫理（社団法人日本技術士会訳編），丸善，2008，p.8.
4) 奥田孝之：プロフェッション倫理としての技術者倫理，技術士，517：4，2010.
5) Charles E. Harris, Jr., Michael S. Pritchard, Michael J. Rabins：第1章 技術者倫理：違いがわかること，第3版科学技術者の倫理（社団法人日本技術士会訳編），丸善，2008，pp.9-10.
6) 杉本泰治，高城重厚：第2章 技術者と倫理，第四版大学講義技術者の倫理入門，丸善，2008，p.33.
7) 木幡 孜：第1部 日本固有の漁業問題と漁業の食料産業特性，漁業崩壊 国産魚を切り捨てる飽食日本，まな出版企画，2001，p.1.
8) 木幡 孜：第7話 日本の漁業問題，相模湾・海の不思議—食と自然と漁業の話—，夢工房，2003，p.225.
9) 日本技術者教育認定機構：1.基準1[解説]，「認定基準」の解説 対応基準：日本技術者教育認定基準（2010年度〜），日本技術者教育認定機構，2010，p.5.

10) 祖田　修：第1章　農学の展開とその成果および課題—倫理の観点から—, 農林水産業の技術者倫理（祖田　修・太田猛彦編著), 社団法人農山漁村文化協会, 2006, p.12-13.

索　引

〈あ行〉

青潮　25
青森県十三漁業協同組合　50
赤潮　28
磯焼け　30
入り口規制　19
魚沼美雪ます　37
渦鞭毛藻類　28
液化タンパク質　22
円卓会議　78
塩分分布　84
黄色ブドウ球菌　73
応用倫理　12

〈か行〉

海水交換　82
　──シミュレーション　81
海中懸濁粒子　30
海中林の消失　25
海底湧水　32
海洋保護区　19
科学的検証結果の尊重，順守　18
可視化手法　81
課題解決能力　102
蟹工船洋光丸　68
環境保全　18
環境倫理　12
緩速ろ過法　32
危害要因分析（HA）　64
技術士　87
　──制度　87
　──等の義務　90
　──プロフェッション宣言　92
　──補　88
　──倫理綱領　94
　──倫理要綱　94
技術者倫理　11, 26, 74

技術部門　89
偽装事件　47, 48, 57
北るもい漁協天塩支店　53
吸引・送機微生物発酵法　27
協働　33
業務独占資格　88
漁獲証明書　22
漁場環境　80
　──の悪化　79
漁村　21
許容限界（Critical Limit：CL）　64
グリシドール　16
グリセロール　17
ケイ酸添加　31
ケイ素（Si）　28
ケイ藻　28
公益確保の責務　26, 91
公益性　100
光度不足　30
公平な配分　22
小山・岸法　27
コンプライアンス　49, 60, 91

〈さ行〉

再生可能な利用　14
最低限実行　91
細粒化改善　31
里海再生　81
里海の保全，再生　77
サンゴ礁　19
酸性硫酸塩土壌　29
産地偽装　15
三倍体魚　38
三番瀬　78
資源管理　19
資質向上の責務　91
自然の生存権　18

持続的生産　19
実学　102
修習技術者　87
出水による影響　83
情報交流　40
食育　57, 58
食の安全　13
　——・安心　44
食品信頼回復緊急共同アピール　98
食品の製造過程の監理の高度化に関する臨時
　　措置法　67
食物連鎖　26
食糧産業　100
シリカ欠損仮説　27
シルト　28
人工的深場　30
水温　84
水銀　17
水産エコラベル制度　20
水産業の特徴　15
水産物偽装　48
水産物の安全性　47
水産物の安定的供給　15
水産部門技術士　87, 96
水田濁水　32
砂分離残置底質改善法　33
生物多様性条約　21
生物濃縮　13
生物の生存権　12
全雌異質三倍体　38
選択科目　96
総括表　71
総合衛生管理製造過程　66, 70

〈た行〉

ダイオキシン　17
　——類　14
濁度　28
タブー　26
ダム　32
地域特産品　37, 39, 43
地下水涵養　32

窒素（N）　25
鳥瞰図　84
底質改善実験　27
適切な配慮　91
出口規制　19
デザイン能力　102
トランス酸　16
トレーサビリティ　47, 49, 50, 60
　——システム　56

〈な行〉

新見式土壌浄化法　27
日本技術者教育認定機構　87
二枚貝の斃死　25
認証基準　20
粘土　28
望ましい水際線　80

〈は行〉

パイライト（FeS_2）　29
必須監理点（CCPs）　64
表示の改ざん　15
表土流出　32
貧酸素　25
複合ラグーン　27
腐敗微生物　71
浮遊粒子追跡　82
プロフェッション　93
分級　31
粉末タンパク質　22
ヘドロ　28
ボウマン博士　64, 65

〈ま行〉

マリンエコラベル　57
　——・ジャパン　58
マングローブ林　19
名称独占資格　88
メラミン　16
森川海　25
森川里海　26

〈や行〉
雪印乳業(株)大阪工場　73
容器包装詰加圧加熱殺菌食品　71
予測できる能力　17

〈ら行〉
ラムサール条約　20
リスクコミュニケーション　44
立派な仕事　91
硫化水素（H_2S）　29
硫化鉄（FeS）　29
流速　84
リン（P）　25
倫理の基本　11

〈わ行〉
ワシントン条約締約国会議　19

SATOYAMA イニシアティブ　77
TAC制度　19
TAE制度　19
WCPFC　22

〈アルファベット〉
APEC エンジニア　89
CCRF　19
CE　89
Codex　66
　──委員会　63
COP10　22, 23, 77
DDT　13
DNA の組み換え　14
DSi：DIN 比　28
EMF 国際エンジニア　89
FDA　65
from Farm to Fork　74
FSIS　65
HACCP　17, 63
　──の12の手順　64
IC タグ　50
IUU 漁業　22
JABEE　87
NACMCF　65
NASA　64
PE　89
pH（H_2O_2）　29
QR コード　50, 51

水産技術者の業務と技術者倫理

2011年6月30日　初版発行

定価はカバーに表示

編　者　　公益社団法人
　　　　　日本水産学会　水産教育推進委員会　©
　　　　　公益社団法人
　　　　　日本技術士会　水産部会

発行者　　片　岡　一　成

発行所　　株式会社 恒星社厚生閣
〒160-0008　東京都新宿区三栄町8
Tel　03-3359-7371　Fax　03-3359-7375
http://www.kouseisha.com/

印刷・製本：シナノ

ISBN978-4-7699-1254-5　C3062

JCOPY ＜(社)出版者著作権管理機構　委託出版物＞

本書の無断複写は著作権上での例外を除き禁じられています．複写される場合は，その都度事前に，（社）出版者著作権管理機構（電話 03-3513-6969, FAX03-3513-6979, e-maili:info@jcopy.or.jp）の許諾を得て下さい．

好評既刊書

農学・水産学系学生のための数理科学入門　B5判/148頁/定価2,520円

大学の入試選抜方法の多様化等により，高校と大学との接続教育の重要性が浮かび上がってきている。本書は高校と大学との接続的な教育内容も含め，専門教育にあたり最低限必要となる数学と物理の素養習得を目指す。［主な内容］序章 数学・物理学を学ぶ前に（黒倉寿）　1章 数学（北門利英）　2章 統計学（阪倉良孝）　3章 力学の基礎（河邊玲・高木力）　4章 電磁気学（酒井久治）

食品衛生学　第二版

山中英明・藤井建夫・塩見一雄 著
A5判/288頁/定価2,625円

O157の発生，BSE，遺伝子組換え食品の問題，食物アレルギー，農薬のポジティブリスト制，また，食品安全基本法の制定，食品衛生法の改正など食品衛生に関する状況は大きく変わった。こうした新しい情報を取り入れ，大学・研究所等でテキスト・参考書として最適。巻末に最新の食品安全基本法，食品衛生法を収録。
［主な内容］食品衛生の概念と食品衛生行政・HACCPシステムなど

水産学シリーズ164巻
魚介類アレルゲンの科学

塩見一雄・佐伯宏樹 編
A5判/140頁/定価3,780円

食物アレルギーへの正確な診断，適切な治療，確実な予防が問われている。本書は魚介類アレルゲンにしぼり，魚介類アレルギー対策の基礎であるアレルゲンの性状解明，分析方法，低減化技術に関する最新の知見を提供。管理栄養士，医療関係者，食品関係者必読。［主な内容］　Ⅰ．魚介類アレルゲンの本体と性状　Ⅱ．魚介類アレルゲンの低減化　Ⅲ．魚介類アレルゲンの分析方法

水産学シリーズ169巻
浅海域の生態系サービス―海の恵みと持続的利用

小路 淳・堀 正和・山下 洋 編
A5判/154頁/定価3,780円

人類が自然（生態系）から享受している恵みを表す生態系サービス。現在このサービスをいかに持続的に享受していくことができるかが大きな課題となっている。そのためには自然の恵みを生み出す生態系のプロセスを体系的に捉えねばならない。本書は，生態系サービスに関する基礎から，水産資源生産を主題に生態系サービスを論じた唯一の本。巻末に重要語解説を付す。

魚類生態学の基礎

塚本勝巳 編
B5判/336頁/定価4,725円

生態学の各分野の新進気鋭の研究者25名が，これから生態学を学ぶ人たちに向けて書き下ろした魚類生態学ガイドブック。概論，方法論，各論に分けコンパクトに解説。最新の知見・手法をできるだけ取り込み研究現場・授業で活用しやすくした。編者他，田中克，桑村哲生，佐藤홍文，幸田正典，中井克樹，山下洋，阪倉良孝，渡邊良朗，益田玲爾，川田正朋の各氏ほかが執筆。

有明海の生態系再生をめざして

日本海洋学会 編
B5判/224頁/定価3,990円

諫早湾締切り・埋め立ては有明海生態系に如何なる影響を及ぼしたか。日本海洋学会海洋環境問題委員会の4年間にわたる調査・研究そしてシンポジウムを基に，生態系劣化を引き起こした環境要因を究明し，具体的な再生案を提案。環境要因と生態系変化の関連を因果関係並びに疫学的に考察。

株式会社　恒星社厚生閣

表示価格は消費税を含みます。